海峡出版发行集团
THE STRAITS PUBLISHING & DISTRIBUTING GROUP
海峡书局

图书在版编目（CIP）数据

从水中诞生的空中芭蕾——蜻蜓 / 张浩淼著. — 福州：海峡书局，2020.12
ISBN 978-7-5567-0786-7

Ⅰ. ①从… Ⅱ. ①张… Ⅲ. ①蜻蜓目－普及读物
Ⅳ. ①Q969.22-49

中国版本图书馆CIP数据核字(2020)第257468号

出 版 人：林 彬
策　　划：曲利明　李长青
作　　者：张浩淼
插　　画：李 晔
责任编辑：俞晓佳　廖飞琴　魏 芳　卢佳颖　陈 婧　陈洁蕾
装帧设计：李 晔　黄舒堉　董玲芝　林晓莉

Cóng Shuǐzhōng Dànshēng de Kōngzhōngbālěi——Qīngtíng
从水中诞生的空中芭蕾——蜻蜓

出版发行：海峡书局
地　　址：福州市白马中路15号
邮　　编：350001
印　　刷：雅昌文化（集团）有限公司
开　　本：889毫米×1194毫米　1/32
印　　张：8.5
图　　文：272码
版　　次：2020年12月第1版
印　　次：2020年12月第1次印刷
书　　号：ISBN 978-7-5567-0786-7
定　　价：128.00元

张浩淼，农学博士。现于中国科学院昆明动物研究所从事蜻蜓目的分类学和系统学研究。已在国际期刊上发表蜻蜓研究报告40余篇。出版专著《中国蜻蜓大图鉴 Dragonflies and Damselflies of China》《蜻蟌之地——海南蜻蜓图鉴》《常见蜻蜓野外识别手册》等。现任SCI刊源期刊Odonatologica（蜻蜓学）编委、世界自然保护联盟（IUCN）濒危物种红色名录专家组成员。野外考察工作覆盖了亚洲、欧洲和非洲上百个自然保护区。

摄影名单

张浩淼　宋黎明　宋睿斌　莫善濂
吴宏道　金洪光　袁　屏　刘　辉
严少华　吕　非　许明岗　徐　寒
温雨川　黄海燕

序

2017年5月，我的老友Matti Hämäläinen正准备他的第三次中国蜻蜓之旅。出发前夜他书信给我，说此行有一份大礼，让我做好准备迎接。这是一个怎样的surprise？确实我从未想过我可以获得这样珍贵的馈赠，一只来自Allen Davies的喜马拉雅昔蜓。老Matti说没有人知道Allen Davies当年在大吉岭遇见了多少昔蜓，但无疑它们的数量十分稀少。人类至今都没有完全破解这些存活过亿年的蜻蜓活化石的生活史之谜。当年Allen Davies把昔蜓馈赠给了年轻的Matti，如今Matti年过七旬，又把昔蜓传递给我，这是蜻蜓人的传承，但任重道远。

自幼年我与水结缘，水也渗透进我的名字，我甚至觉得和我有缘之人名字里都带点山、带点水。蜻蜓是我童年的记忆，也一直飞翔到我成年的办公桌——足踏绿水，怀抱青山，高下任心。山水之间，身心自在，彩笔任我舞，醉卧水云间。溪上有舞则清，林中有蜓则灵。顺流或逆流，舞者皆伴。水的魔法师恋舞者，用霓虹、翡翠、梅花、血红，点缀的绿洲满是五彩宝石，因为他借了大自然的笔以及芭蕾女皇的招牌动作。驻足守望，十年弹指，白了少年头，然凤凰已翩然起舞，终邂逅丛林之光。

愿此书唤醒那些沉睡在记忆深处最美好的童年回忆以及回忆里挥之不去的红色和绿色精灵。

目　录

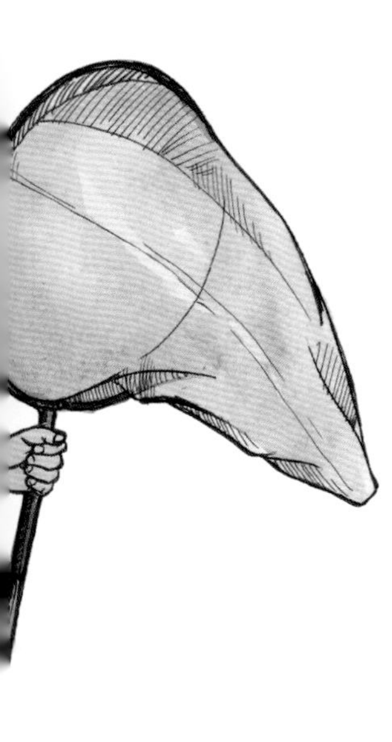

一 识别蜻蜓

1/ 什么样的昆虫是蜻蜓

2/ 蜻蜓的身体结构

3/ 蜻蜓的分类

4/ 神奇的生活史——水、陆、空三栖的生命历程

1. 什么样的昆虫是蜻蜓

蜻蜓是迄今最古老的飞行昆虫之一。它们体色艳丽，体态优美，经常翱翔于水面和天空之间。在庞大的昆虫家族中，蜻蜓容易被辨识。

主要的识别特征包括：头部被一对甚大的半球形复眼包围，触角非常短，口器发达，具锋利的上颚；胸部具两对接近等长的翅，轻而薄，翅前缘中央具翅结，末端常具有翅痣；腹部细长，分成10节，第10节末端具肛附器。

蜻蜓在自然界的位置：

节肢动物门——昆虫纲——蜻蜓目

形形色色的蜻蜓：

蜻蜓的学名及由来

蜻蜓目的学名为“Odonata”，源自希腊语，含义为“具齿的”，根据蜻蜓口器具发达的上颚提出。早先指代广义的脉翅目中的一类昆虫。到了20世纪，从脉翅目独立出来，用来指代我们今天所说的蜻蜓。

进食中的蜻蜓，发达的上颚

2. 蜻蜓的身体结构

蜻蜓的身体分成了3个明显的体节：头部、胸部和腹部，也是昆虫共有的特征。头部具发达的复眼和口器；胸部具3对足和2对翅；腹部分成10节，末端具肛附器。

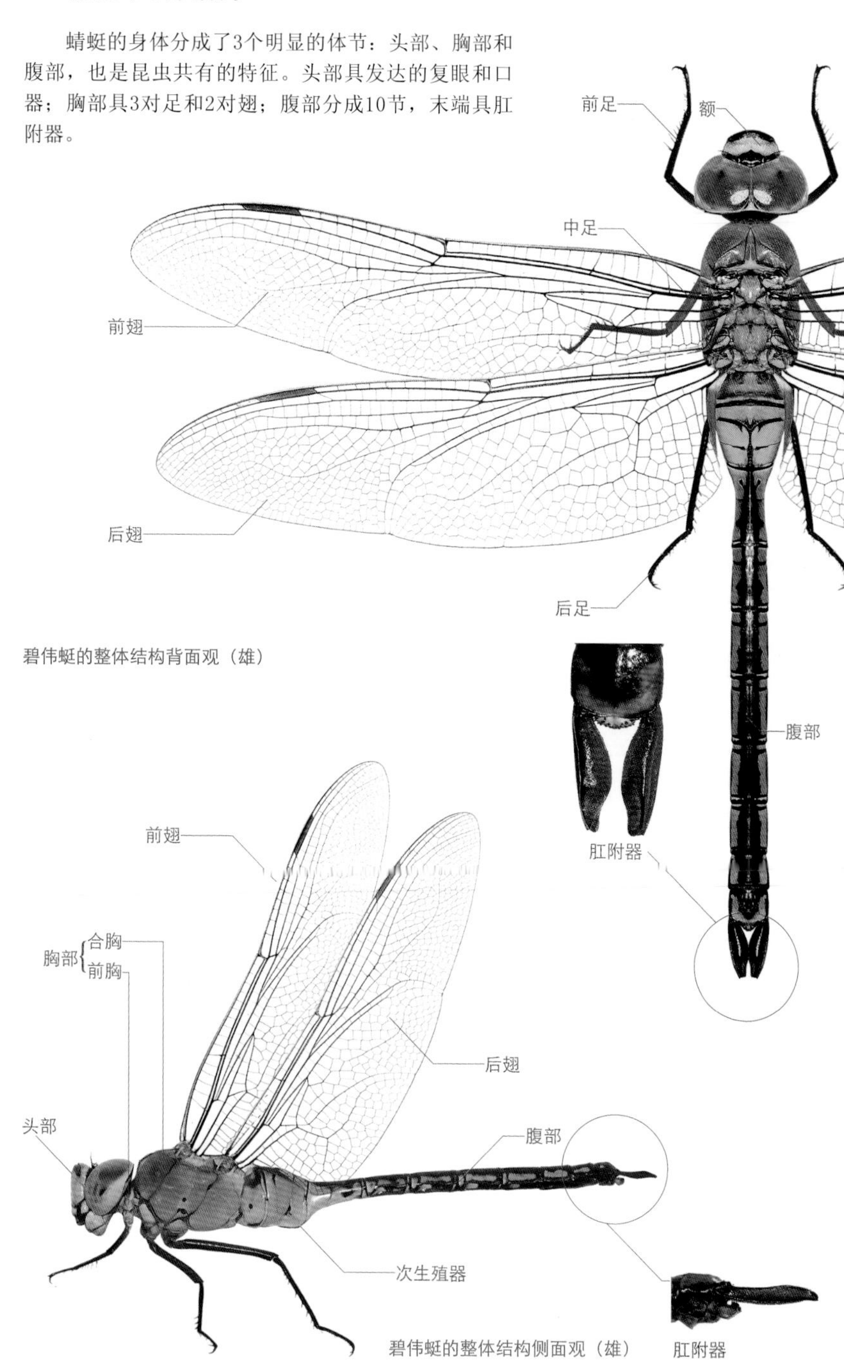

碧伟蜓的整体结构背面观（雄）

碧伟蜓的整体结构侧面观（雄）

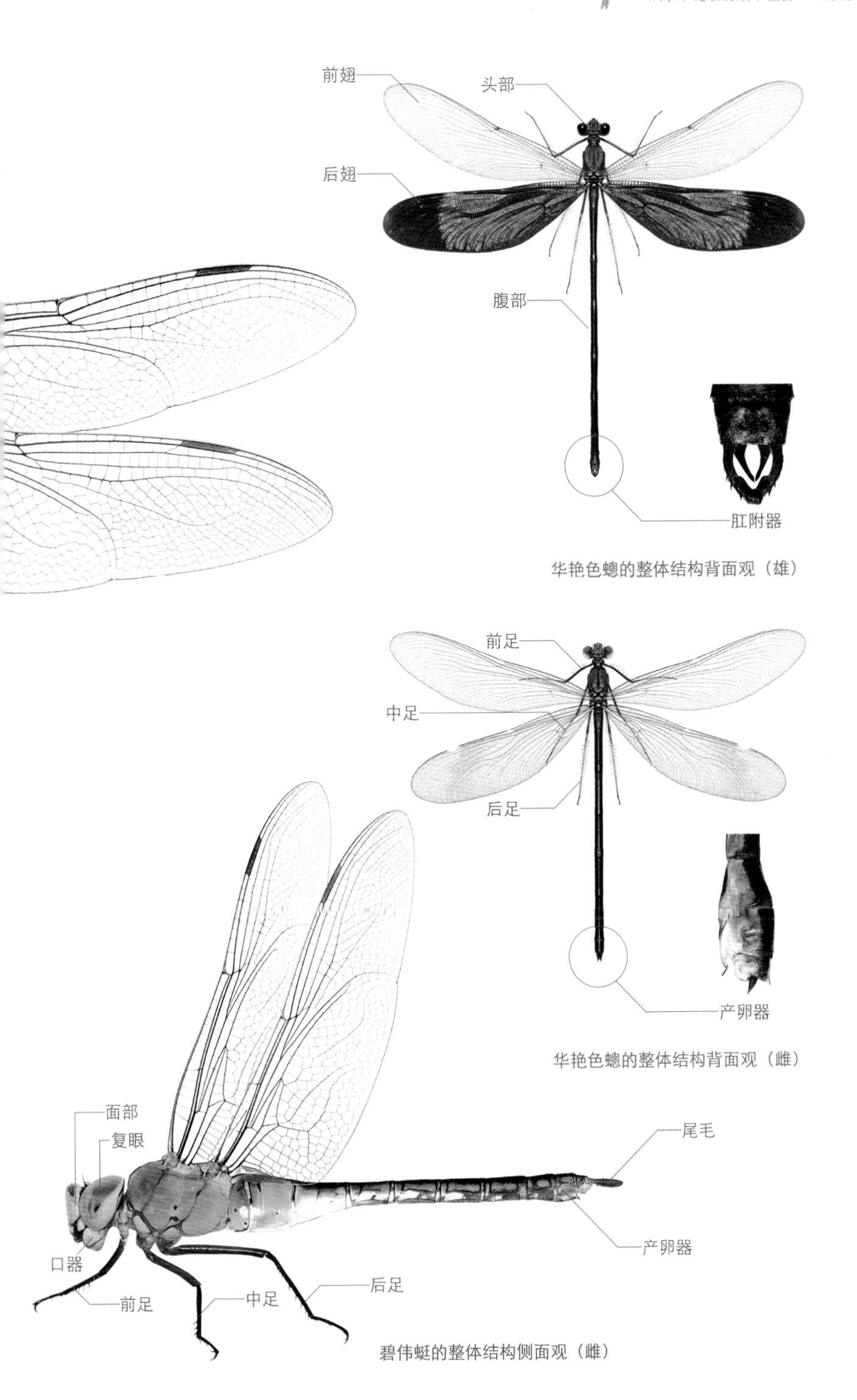

华艳色蟌的整体结构背面观（雄）

华艳色蟌的整体结构背面观（雌）

碧伟蜓的整体结构侧面观（雌）

头部

复眼1对，位于面部之上；面部包括上唇、下唇、上颚、前唇基、后唇基、额和头顶。头顶包括3个单眼，呈三角形排列。蜻蜓的触角短而细，刚毛状。

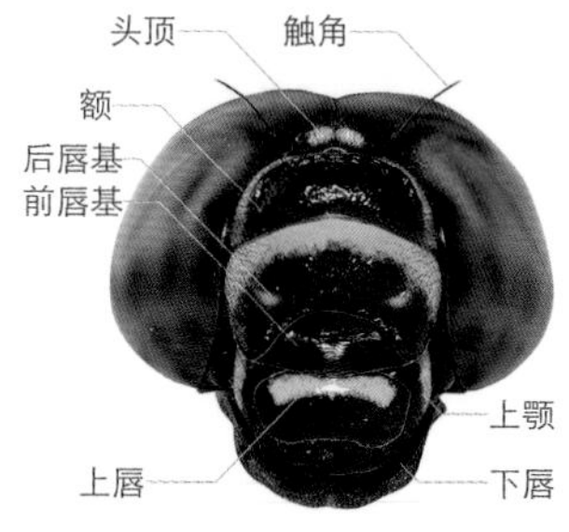

黑纹绿蜓的头部

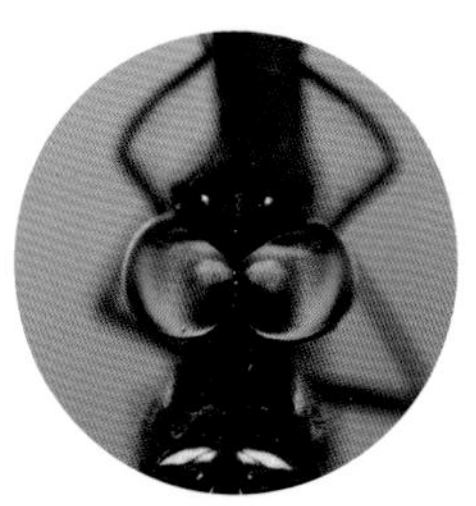

泰国大伪蜻的复眼

细腰长尾蜓的复眼

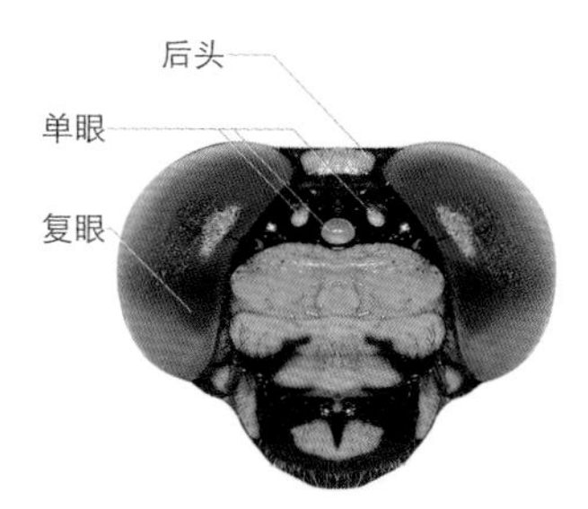

汉森安春蜓的头部

胸部

胸部包括一个甚小的前胸，与头部相连；中胸和后胸愈合，形成一个盒形的合胸，这是古老昆虫类群的特征之一。胸部背面着生2对翅，腹面有3对足。

翅

翅是一个复杂的网状结构，由横脉和纵脉交织而成，翅上的每个小格子称为翅室。翅包括前翅和后翅各1对。蜻蜓的翅是轻而薄的膜质构造，前后翅可以相对独立运动，这使得蜻蜓可以表演各种空中杂技。

一些主要的翅脉、翅室及其缩写为：

前缘脉(Costa, C)、亚前缘脉(Subcosta, Sc)、径脉(Radius, R) 和中脉(Media, M)、弓脉(Arculus, arc)、前中脉(Media Anterior, MA)、肘脉(Cubital, CuP)、臀脉(Anal, A或1A)、翅结(Nodus, N)、翅痣(Pterostigma, Pt)、基室(Basal space, Bs)或称中室(Median space, Ms)、三角室(Triangle, T)、四边室(Quadrilateral cell, q)、臀圈(Anal loop, Al)、臀角(Tornus)、基臀区(Cubital space)等。

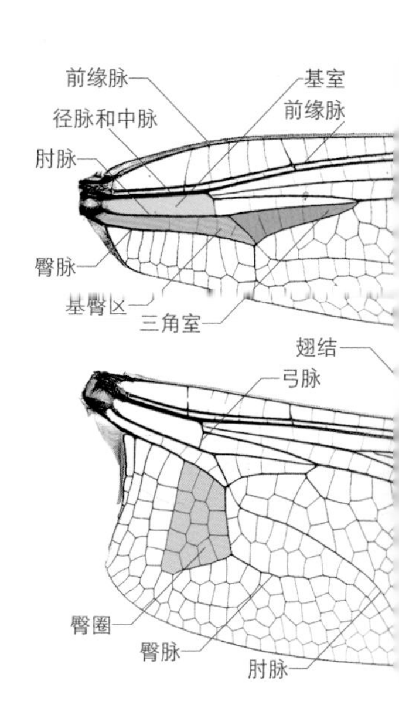

腹部

腹部分成10节，细而长，第10节末端具有肛附器。腹部包括了生殖系统和一些内脏器官。雄性蜻蜓的肛附器发达，雌性的退化成尾毛。

雄性蜻蜓特殊的身体结构

雄性蜻蜓的腹部构造尤其特殊，其内生殖器（精巢）位于腹部末端第9节内，而外生殖器（称次生殖器，包括阳茎、阴囊和钩片等）则位于腹部第2、3节下方。第10节末端具有发达的肛附器，通常是钳状，用于交配时抱握雌性。雄蜻蜓是自然界中唯一在腹部第2、3节具有次生殖器的昆虫。

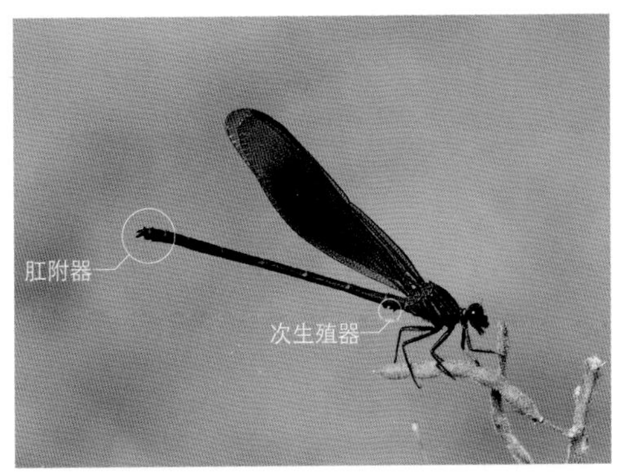

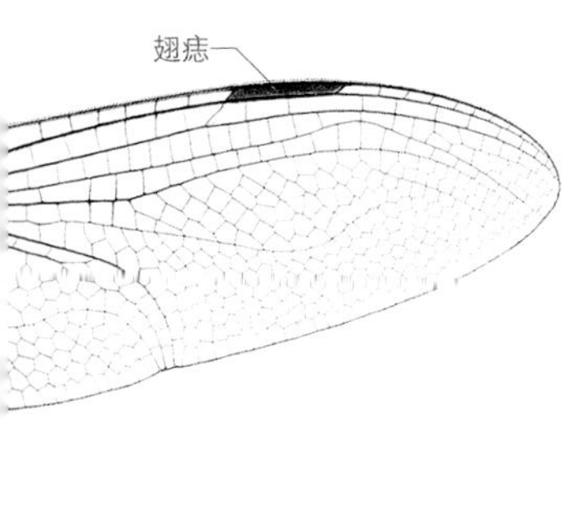

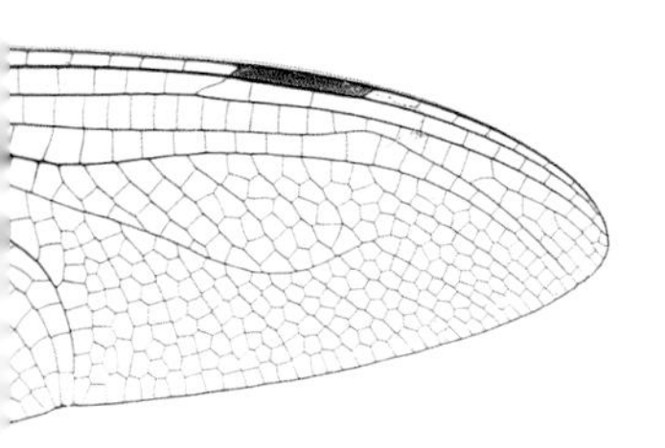

1.黄翅溪蟌的腹部（雄）
2.优雅隐溪蟌的腹部（雄）
3.巨缅春蜓的腹部（雄）

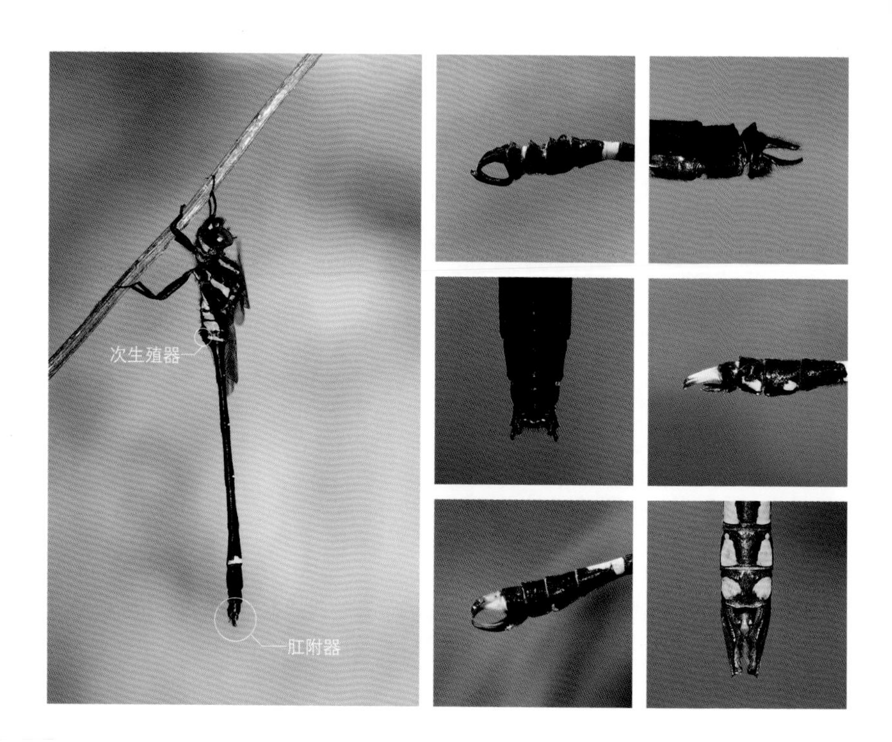

1.山裂唇蜓的腹部（雄）
2.雄性蜻蜓各种不同形状的肛附器

雌性蜻蜓的产卵器

雌性的产卵器分为两大类，一类是具有锯形或锥形的产卵管；另一类是开孔式的下生殖板。产卵器的形态不同，产卵方式也随之有很大差异。

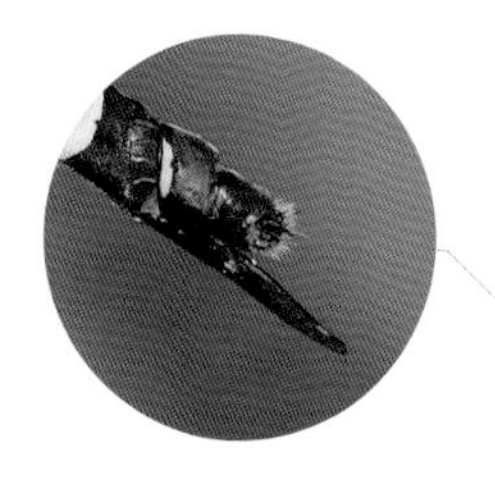

1
2
3

1.大蜓腹部末端具锥形的产卵管（雌）
2.产卵中的鼻蟌伸出锯形产卵管（雌）
3.红蜻的下生殖板（雌）

3. 蜻蜓的分类

蜻蜓可以分成三大类：第一类是我们常说的蜻蜓，归入差翅亚目，包括一群体型较大且粗壮、停歇时翅向体侧展开的种类，前翅和后翅形状不同，后翅通常更宽阔；第二类我们俗称为豆娘，归入束翅亚目，学名叫做蟌，体型相对较小且纤细，前翅和后翅形状几乎相同，多数豆娘休息时翅合拢竖立于胸部背面；第三类则非常罕见，其体态集合了差翅亚目和束翅亚目的特征，翅的形状似豆娘，但身体粗壮，似蜻蜓，它们是古代蜻蜓在现代唯一的后裔，隐匿在险峻的高山环境，称为昔蜓，归入间翅亚目。

差翅亚目——蜻蜓的代表

1.斑翅裂唇蜓
2.长尾红蜻
3.曜丽翅蜻
4.弗鲁戴春蜓

5.绿斑蟌
6.黑斑暗溪蟌
7.褐顶扇山蟌
8.赤基色蟌

束翅亚目——豆娘的代表

蜻蜓和豆娘如何区分？

蜻蜓和豆娘可以从以下三个方面快速区分：翅的形状、头部形状、身材和停歇姿势。

翅的形状

蜻蜓的前后翅在基方形状不相同，后翅更宽阔；豆娘的前后翅形状基本相同，很多种类在翅基方收缩形成翅柄。

蜻蜓的翅　　豆娘的翅

蜻蜓的翅　　豆娘的翅

头部形状

蜻蜓的头部正面观时，复眼在头部顶端相互靠近，或者在头顶处交汇，面部隆起较高，似椭圆形或者梯形。

蜻蜓的头

蜻蜓的头

蜻蜓的头

蜻蜓的头

豆娘的头部正面观好似一个哑铃，两个复眼在两端，似一对半球形的玻璃球，面部也不够隆起。

豆娘的头

豆娘的头

豆娘的头

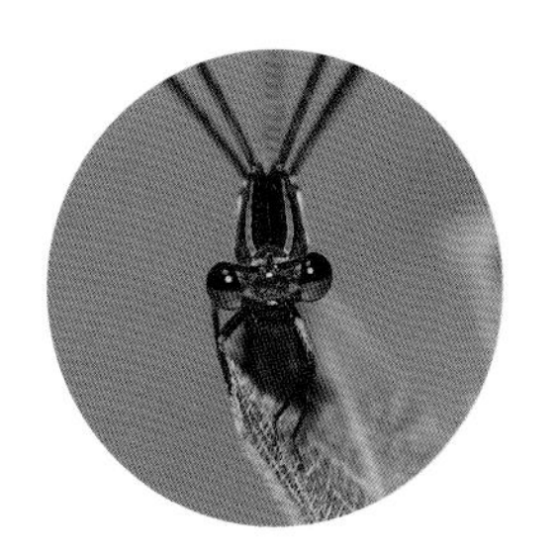

豆娘的头

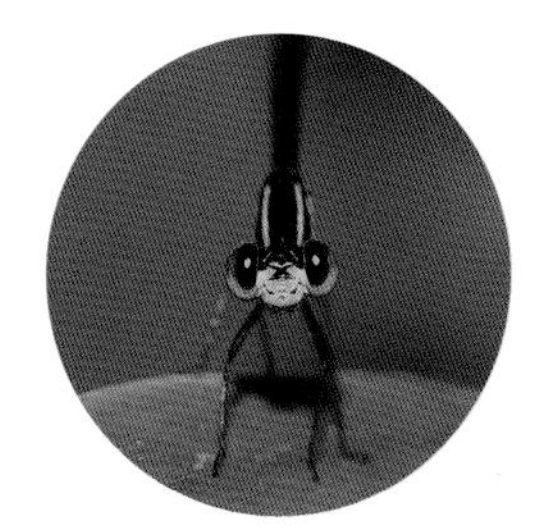

豆娘的头

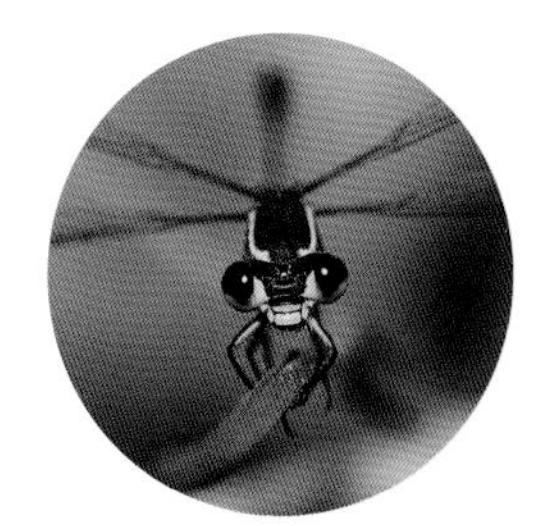

豆娘的头

身材和停歇姿态

蜻蜓的体型较粗壮，停歇时翅向身体两侧伸展开；大多数豆娘体型纤细，身材苗条，停歇时翅合拢竖立于背上，但也有些例外，停歇时翅如蜻蜓一般展开。

蜻蜓停歇姿态

豆娘停歇姿态

1.蝴蝶裂唇蜓停歇时，翅向身体两侧平展开
2.赤褐灰蜻停歇时，翅展开并向下压
3.周氏镰扁蟌停歇时，翅竖立于胸部背面
4.海南长腹扇蟌停歇时，翅半张开
5.红尾黑山蟌停歇时，翅完全张开

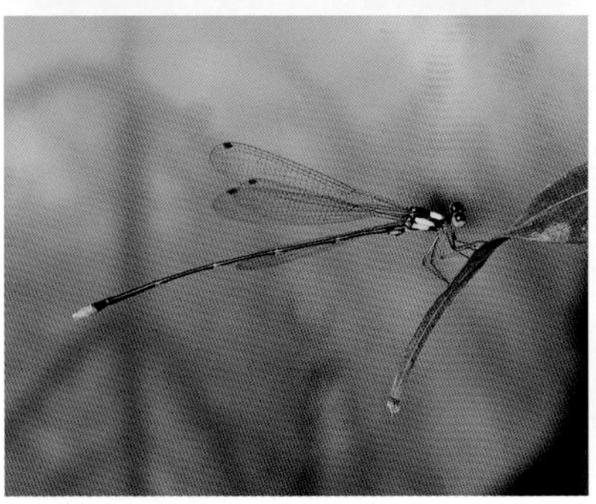

“蜻蜓”一词的含义

我们通常所说的蜻蜓，实际上包含了蜻蜓和豆娘在内的所有蜻蜓家族的成员。在蜻蜓中又有明显的“蜻”和“蜓”之分。因此“蜻蜓”这个词，实际上代表了蜻蜓家族的三个类群，即豆娘、蜻和蜓。

1.豆娘
2.蜻
3.蜓

蜻和蜓如何区分?

首先找到翅上一个叫“三角室”的翅室，如果一只蜻蜓前翅和后翅的三角室的位置和方向相同，是蜓。蜓主要包括蜓、裂唇蜓、大蜓和春蜓；如果前翅三角室的方位和后翅不同（呈垂直状态），则是蜻。蜻主要包括伪蜻和蜻。

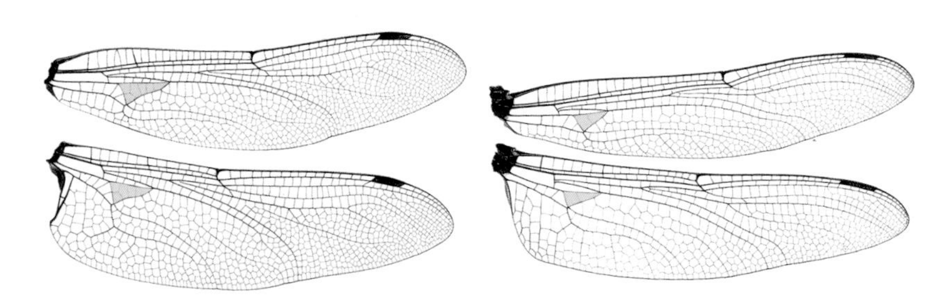

蜓的前翅和后翅三角室位置、方向都一致

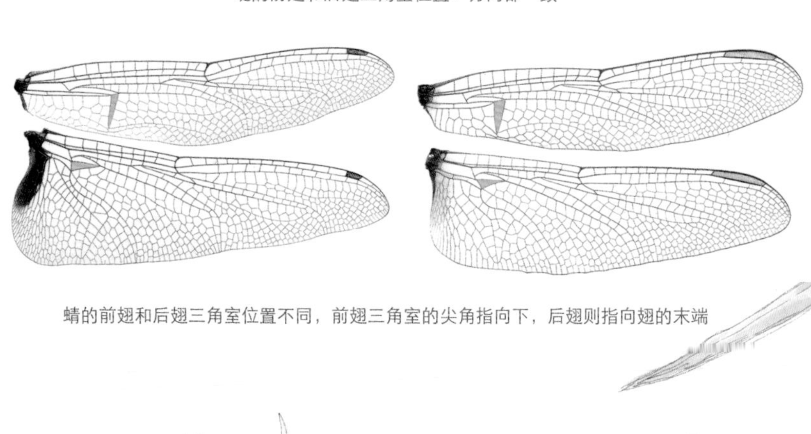

蜻的前翅和后翅三角室位置不同，前翅三角室的尖角指向下，后翅则指向翅的末端

4．神奇的生活史——水、陆、空三栖的生命历程

蜻蜓拥有丰富的生命历程，它们的生活史从水底，到陆地，最后翱翔于天空，其生长发育经历卵、幼虫(稚虫)和成虫三个阶段，属于不完全变态。

蜻蜓的幼虫生活在各种淡水环境中，通常潜伏在泥沙或者水草中，是凶猛的水下杀手！

蜻蜓一生以幼虫的虫态生活在水中的时间最长，而成虫期(也称飞行期)，也就是我们看到的展翅飞翔的蜻蜓，是非常短暂的一个阶段。因此蜻蜓是一类重要的水生昆虫。

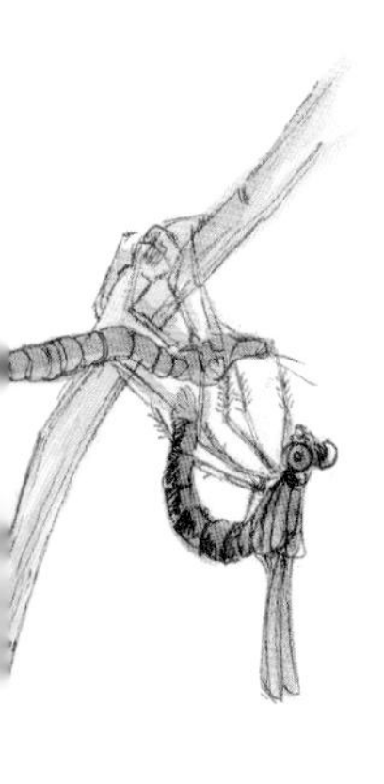

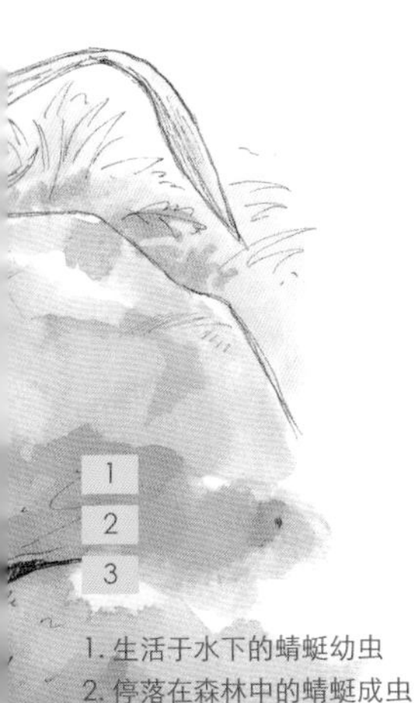

1
2
3

1. 生活于水下的蜻蜓幼虫
2. 停落在森林中的蜻蜓成虫
3. 翱翔于天空的蜻蜓成虫

卵

蜻蜓卵的形状主要是球形和米粒形。卵的色彩多数是白色、黄色，也有少数具有鲜艳的色彩比如蓝绿色。卵要经过数天至数周的时间孵化，一些在温带较寒冷地区的蜻蜓则是以卵度过漫长的冰期。在孵化期间，卵的色彩会逐渐加深，这是生命酝酿的最初阶段。

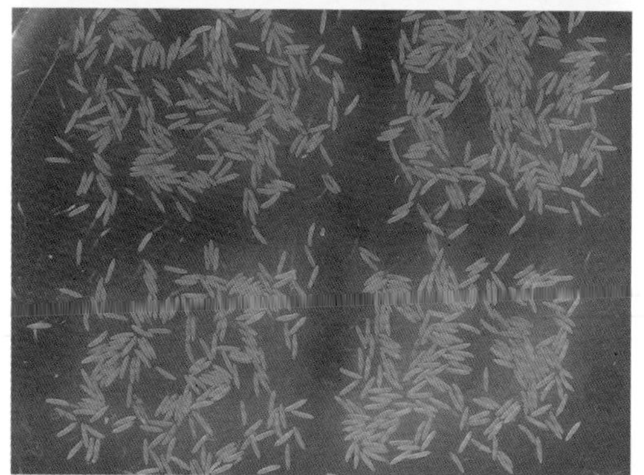

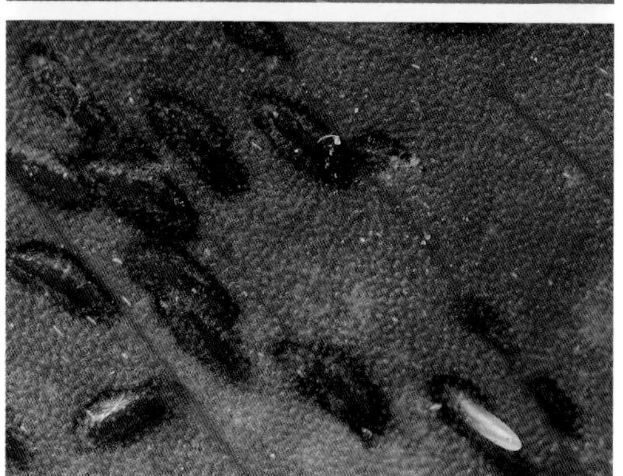

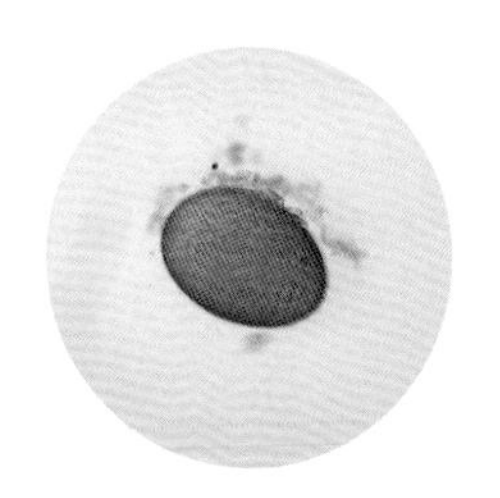

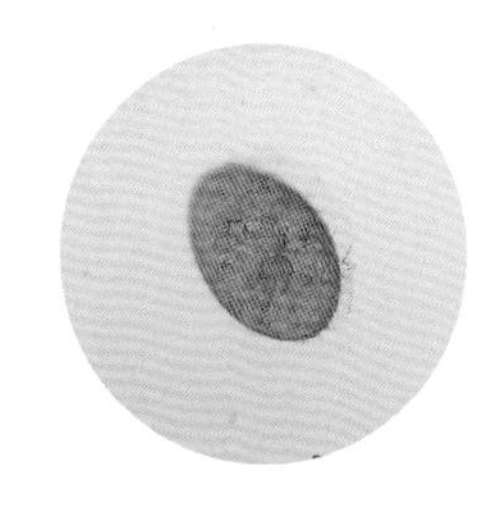

球形的蜻蜓卵

蜻蜓卵色彩的变化

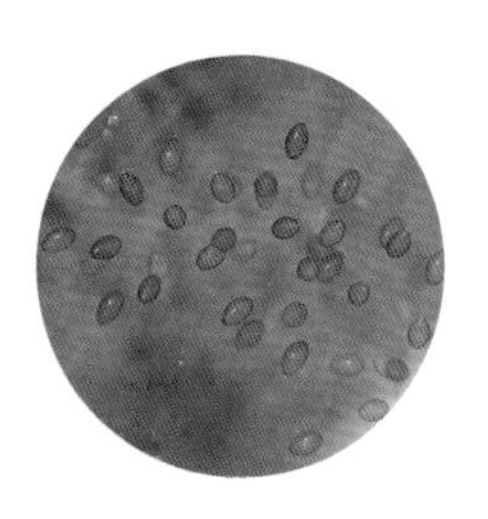

产下第 3 日的蜻蜓卵

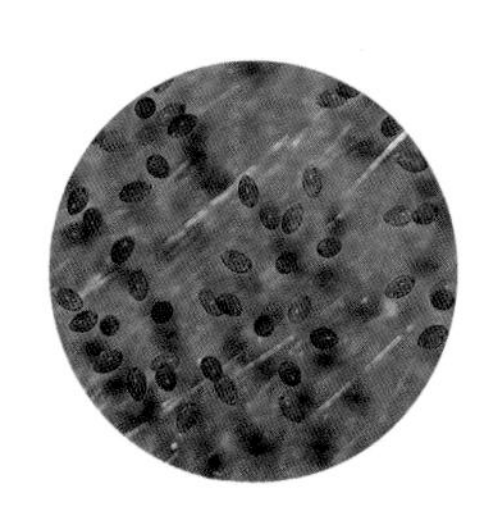

产下第 5 日时色彩加深

1
2
3

1. 溪水的岩石表面被粘附的蜻蜓卵
2-3. 米粒形的蜻蜓卵

幼虫（稚虫）

蜻蜓的幼虫也称稚虫。绝大多数幼虫生活于水下，要经历数周或者数月的水下生活，一些生活在高山地区的种类甚至需要几年的时间才能发育成熟。通常认为蜻蜓幼虫需要蜕皮9～15次才能展翅飞翔。

蜻蜓幼虫色彩通常深色，有助于它们适应水下环境，它们通常躲在水下的泥沙中，或者攀爬在石头表面，或者隐藏在水草丛。它们看起来与蜻蜓成虫很不搭，相貌颇为丑陋，有点像“异形”电影的怪兽。蜻蜓幼虫是凶猛的水下捕食者，它们用下唇特化出的面罩或者折叠钳钩，捕食各种小型无脊椎动物和脊椎动物，甚至同类相残。

蜻蜓幼虫——凶猛的水下杀手

1. 具有挖掘足的春蜓科幼虫
2. 拟态枯叶的春蜓科幼虫
3-4. 头部宽阔，身体筒状的裂唇蜓科幼虫
5-6. 具有长足，形似蜘蛛的大伪蜻科幼虫

1. 蜓科幼虫捕食小鱼
2. 大蜓科幼虫捕食小鱼
3. 裂唇蜓科幼虫潜伏在细砂中，身体掩埋起来仅露出头部，等待猎物
4. 攀爬在石头表面的蜓科幼虫

1
2
3

1-3. 蜻蜓幼虫下唇特化成的折叠钳

是否所有蜻蜓的幼年都在水下度过？

蜻蜓中有少数种类，它们的幼年不是在水下度过，我们称之为“半水生”。这些蜻蜓生活在一类非常特殊的环境——具有滴水的陡峭石壁。这种栖息环境并不常见，这些蜻蜓幼崽一生攀爬在陡峭石壁上，石壁上的涓涓细流可以保证它们的表皮湿润。

如何区分蜻蜓和豆娘的幼虫？

豆娘幼虫在腹部最末端有2～3根尾鳃，蜻蜓幼虫则没有。豆娘幼虫尾鳃的形状各异，有片状、球状、锥形等

1. 克氏头蜓的幼虫攀爬在潮湿的陡峭石壁上
2-4. 豆娘的长锥形尾鳃
5. 豆娘的球状尾鳃
6. 豆娘的叶片状尾鳃
7. 尾鳃的侧面，其中布满丰富的气管，犹如茂盛的树干

羽化

蜻蜓稚虫漫长的水下生活，在某一个时刻宣告结束，此时它们从水面浮出，依靠水中的挺水植物、石头或者漂浮物爬出水面，有些也从岸边上岸。离开水将立即开始神奇的蜕变过程——羽化。

羽化通常在离开水面不久开始，分为水平羽化和垂直羽化。很多河流、溪流中的蜻蜓可以爬到水面的大岩石上，在水平位置羽化。而多数种类，更倾向在夜深时安安静静地完成这个过程，它们可以爬高枝，也可以行走很远到河岸的大树干上羽化。在垂直位置羽化，是很多大型蜻蜓必须采用的姿势。

1. 在水平位置羽化中的蜻蜓
2. 在水平位置羽化中的豆娘
3. 在岩石垂直表面羽化后留下的蜕

1. 在垂直位置羽化中的蜻蜓
2. 在垂直位置羽化中的蜻蜓
3. 在叶子表面羽化后留下的蜕

羽化的步骤如下：

★选择合适的羽化场所，如岩石、树干的合适位置；★身体膨大，尤其腹部明显鼓起，此时幼虫仿佛要爆炸的气球；★身体摇摆；★胸部背面开始裂开，随后新身体从此裂口挣脱，先是胸部背面和头部蜕出，然后整个胸部，包括4个小翅牙和6足脱离旧外壳；★休息时间，此时身体直立或者倒立，仅有腹部的后半段留在外壳内，但身体迅速膨大；★抽出腹部，开始展翅；★展翅成功后，伸长腹部，并把多余的体液排出体外。羽化成功后的成虫，身体色彩会很快发生变化，身体斑纹显现出来。

从生理学的角度观察，蜻蜓的羽化是一个极其脆弱的阶段，它们很容易被捕食者攻击。因此，很多种类在夜间羽化并在次日清晨做首次飞行，之后躲进茂密的森林，待身体变得坚硬后，开始新的生活。刚羽化的蜻蜓不能立刻繁殖，要经历数日的成长才能成熟，这期间它们捕食，锻炼飞行本领，色彩逐渐艳丽，这个阶段称为未熟期。

黄肩华综蟌（豆娘）的羽化过程，它选择在倾斜的树枝上羽化

圆腔纤春蜓（蜻蜓）的羽化过程，它趴在大岩石的表面羽化

蝴蝶裂唇蜓（蜻蜓）的羽化过程，它选择在细树枝的枝头羽化

未熟期

是指从羽化到发育成熟的一个阶段。刚刚羽化的蜻蜓不能立刻交配产卵，它们身体柔软，色彩暗淡，要经过10～30日的成长才到发育成熟。这期间它们躲避在水附近的森林中，常在树丛中捕食或者翱翔在峡谷的空旷处，练习飞行本领。我们可以这样理解这个时期，蝴蝶等完全变态发育的昆虫，在蛹期的长眠阶段身体会发生重要的变化，比如生殖系统的发育，而蜻蜓没有蛹期，自然身体很多方面并没有做好准备，因此未熟期是它们继续发育的一个过渡阶段，在这个时期它们艳丽的色彩逐渐显露，生殖系统逐渐发育成熟，为繁殖做好充分的准备。

成熟的成虫立刻飞向水面，开始了重要的使命——繁衍后代。

1. 未熟的蕾尾丝蟌雄性为苍白色
2. 成熟的蕾尾丝蟌雄性为蓝色
3. 未熟的杯斑小蟌雌性为红色
4. 成熟的杯斑小蟌雌性为红色
5. 未熟的姬赤蜻雄性为黄色
6. 成熟的姬赤蜻雄性为红色

1	2
3	4
5	6

1. 未熟的姬赤蜻雌性为黄色
2. 成熟的姬赤蜻雌性为红色
3. 未熟的晓褐蜻雄性身体暗淡
4. 成熟的晓褐蜻雄性身体为鲜艳的紫红色
5. 未熟的异色灰蜻雄性身体黑色和黄色
6. 成熟的异色灰蜻雄性身体覆盖蓝色粉霜

二 蜻蜓的分类系统

1／蜻蜓的分类系统

2／蜻蜓的分类依靠哪些特征

1. 蜻蜓的分类系统

现今世界上广泛采用的分类系统，分别由Dijkstra等人于2013年～2014年、Carle等人于2015年提出。依照此分类系统将中国主要的蜻蜓类群归纳如下：

蜻蜓目Order Odonata Fabricius, 1793

- 束翅亚目Suborder Zygoptera Selys, 1854
- 间翅亚目Suborder Anisozygoptera Handlirsch, 1906
- 差翅亚目Suborder Anisoptera Selys, 1854

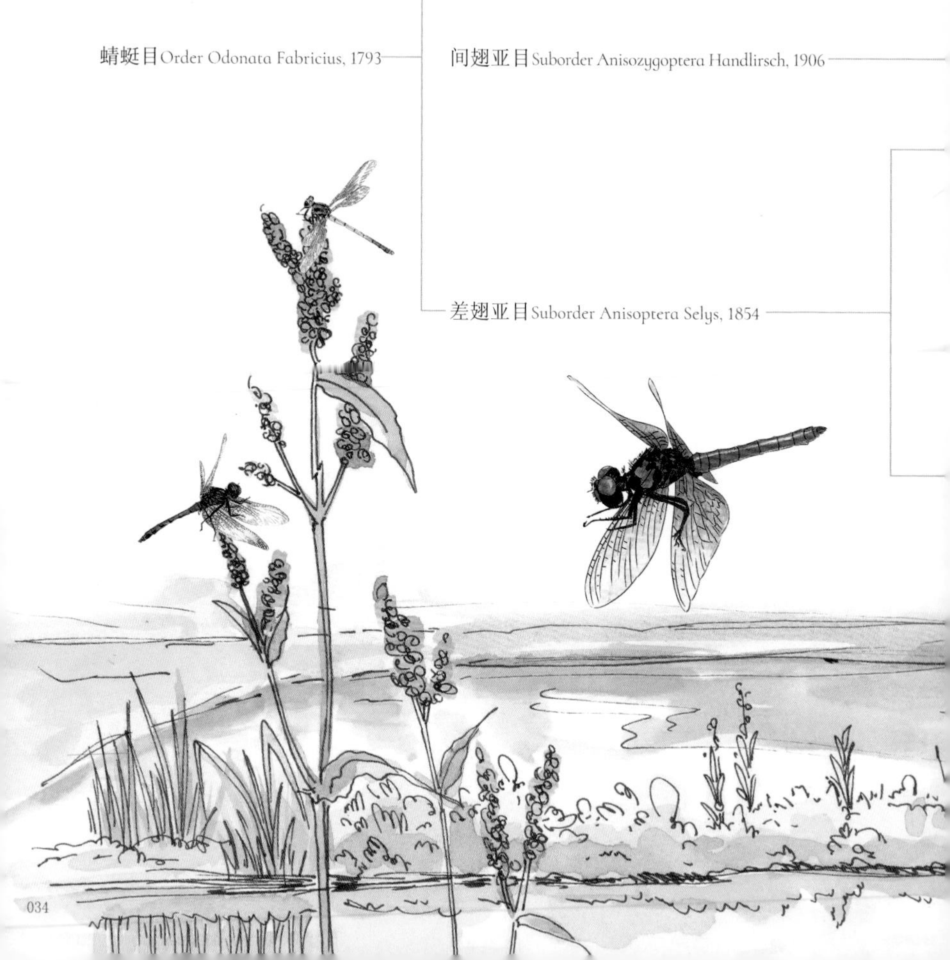

总科	科	Family	编号
色蟌总科 Superfamily Calopterygoidea Selys, 1850	丽蟌科	Family Devadattidae Dijkstra & al., 2014	1
	色蟌科	Family Calopterygidae Selys, 1850	2
	鼻蟌科	Family Chlorocyphidae Cowley, 1937	3
	溪蟌科	Family Euphaeidae Yakobson & Bianchi, 1905	4
	大溪蟌科	Family Philogangidae Kennedy, 1920	5
	黑山蟌科	Family Philosinidae Kennedy, 1925	6
	拟丝蟌科	Family Pseudolestidae Fraser, 1957	7
丝蟌总科 Superfamily Lestoidea Calvert, 1901	丝蟌科	Family Lestidae Calvert, 1901	8
	综蟌科	Family Synlestidae Tillyard, 1917	9
蟌总科 Superfamily Coenagrionoidea Kirby, 1890	扇蟌科	Family Platycnemididae Yakobson & Bianchi, 1905	10
	蟌科	Family Coenagrionidae Kirby, 1890	11
扁蟌总科 Superfamily Platystictoidea Kennedy, 1920	扁蟌科	Family Platystictidae Kennedy, 1920	12
昔蜓总科 Superfamily Epiophlebioidea Muttkowski, 1910	昔蜓科	Family Epiophlebiidae Muttkowski, 1910	13
蜓总科 Superfamily Aeshnoidea Leach, 1815	蜓科	Family Aeshnidae Leach, 1815	14
春蜓总科 Superfamily Gomphoidea Rambur, 1842	春蜓科	Family Gomphidae Rambur, 1842	15
大蜓总科 Superfamily Cordulegastroidea Hagen, 1875	裂唇蜓科	Family Chlorogomphidae Needham, 1903	16
	大蜓科	Family Cordulegastridae Hagen, 1875	17
蜻总科 Superfamily Libelluloidea Leach, 1815	伪蜻科	Family Corduliidae Selys, 1850	18
	大伪蜻科	Family Macromiidae Needham, 1903	19
	综蜻科	Family Synthemistidae Tillyard, 1911	20
	蜻科	Family Libellulidae Leach, 1815	21

1
2
3
4
5
6
7
8

9
10
11
12
13

14
15
16
17
18
19
29
21

2. 蜻蜓的分类依靠哪些特征

识别蜻蜓首先可以看身体的整体形态。身材如何，是瘦是胖？体型如何，是大是小？色彩怎样，是艳是淡？如前文所述，结合头部、翅的形状和体型大小等特征，先判断是蜻蜓还是豆娘，然后大致定到一个科。

看完整体看细节。比如翅上是否有色彩？身体条纹如何？有些蜻蜓非常与众不同，一眼即可定种；有些则比较难区分，要结合身体条纹和一些重要器官的形态。比如雄性肛附器及次生殖器的构造差异，是区分很多极为近似物种的唯一方法。

蜻蜓世界纷繁复杂，要想真正地了解和认识物种，其实并非易事。但多观察，多寻找特征，多对比，是非常有效的方法。见得多自然也就对不同类群之间的区分方法更容易掌握。当然有条件的话比对标本，在显微镜下观察可以发掘更多的自然奥秘。

2

3

4

1. 侏红小蜻因为体型细小并通体红色，是中国辨识度最高的蜻蜓

2. 蝴蝶裂唇蜓翅上丰富的色彩和巨大的体型，使其成为中国最著名的蜻蜓

3. 环尾春蜓雄性具有非常发达的环形肛附器，容易与其他蜻蜓区分

4. 鼻蟌科豆娘因为面部具有一个显著的“猪鼻子”而与众不同

三　蜻蜓行为解析

1／蜻蜓的栖息环境

2／蜻蜓的生活习惯

微观世界是充满神奇和幻想的王国，探寻每一个家族每一种蜻蜓的生活方式，是拓展蜻蜓常识的重要步骤。科学家也同样通过细致入微的观察，以科学的方式记录这些有价值的行为规律。了解它们的日常活动，可以通过观察、记录、绘画和拍摄照片等方式。基于大量的观察记录，进行总结归纳，可以大幅度提升对蜻蜓的认知。每一个物种都有自己独特的生活习惯，而且它们的生命活动亦是丰富多彩。当然一个重要的前提是，如何寻找合适的蜻蜓栖息地。

1. 蜻蜓的栖息环境

蜻蜓主要栖息在各类淡水环境，主要可以分为两大类：静水环境，各种湿地、池塘、水库及湖泊；流水环境，各种河流、溪流及瀑布等。另有少数种类可以在咸淡水交汇处生活，例如红树林。蜻蜓是淡水生态系统中重要的捕食者。

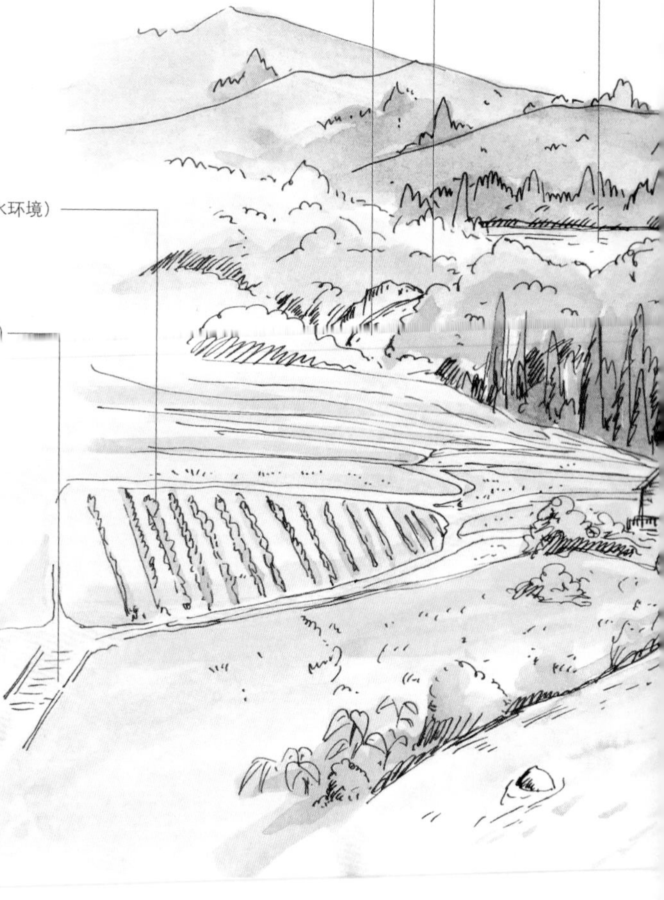

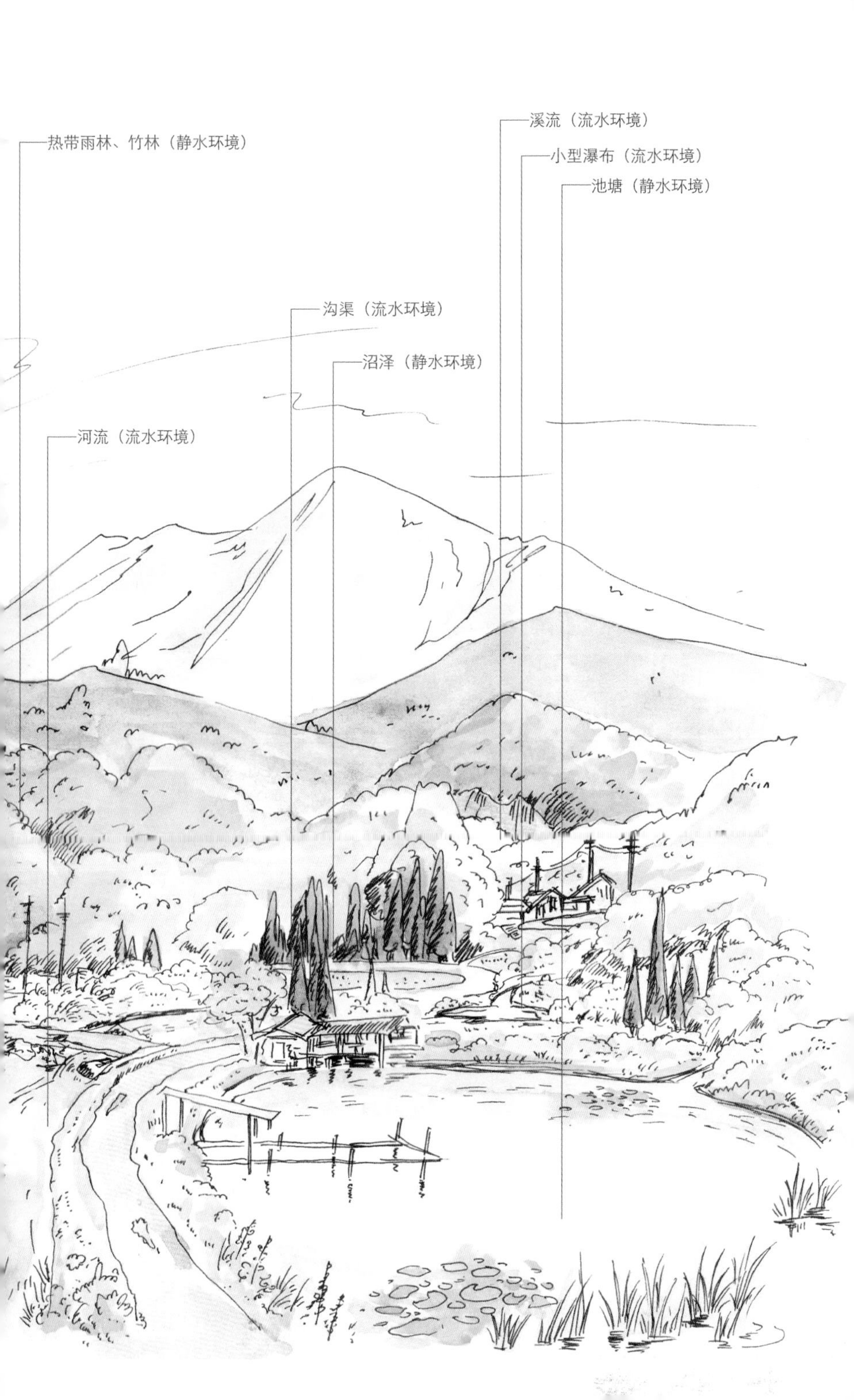

热带雨林、竹林（静水环境）
溪流（流水环境）
小型瀑布（流水环境）
池塘（静水环境）
沟渠（流水环境）
沼泽（静水环境）
河流（流水环境）

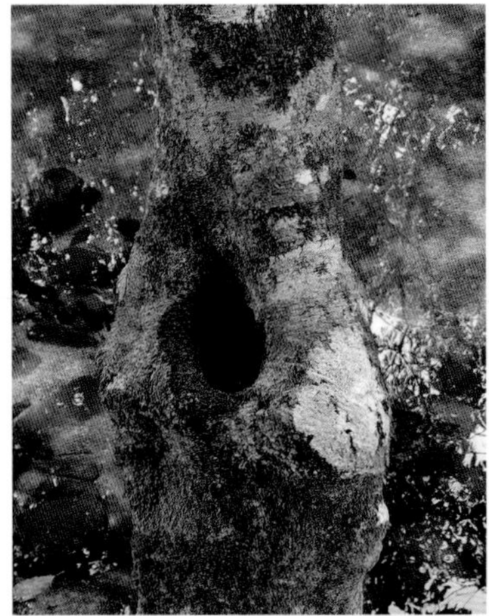

静水环境

1. 热带雨林一些树洞中聚积水，是一些少见和珍稀蜻蜓的栖息环境（海南吊罗山）
2.4.5. 水草茂盛的池塘，一些常见的蜻、螅偏爱的环境（云南西双版纳）
3. 人工水泥池，少数蜻蜓却专门栖息于此，比如多棘蜓（云南西双版纳）
6. 长满杂草的池塘，一些小型豆娘喜欢穿梭于草丛中（云南德宏）

1 2
3 4
5
6

1. 水面宽阔而水草匮乏的池塘，一些飞行能力强的种类喜欢在水面来回飞行（湖北麻城大别山）
2. 森林中的林荫池塘，是一些少见蜻蜓的栖息环境（云南西双版纳）
3. 雨季过后的积水池塘，在云南地区可以吸引迁飞的蜻蜓（云南德宏）
4. 林道上的积水，可见少数种类（云南德宏）
5. 积雨水的深坑，几乎在旱季也有水，是多种蜻蜓喜欢的环境（云南西双版纳）

1	2
3	4
5	6

1. 林荫处的池塘，一些喜荫的蜻蜓偏爱（云南西双版纳）
2. 水稻田，一些常见的红蜻、黄蜻、赤蜻等种类的主要栖息环境（贵州凯里）
3. 鱼塘或水库，具有宽阔水面，少数常见的种类栖息于此，是丽大伪蜻的主要栖息环境（云南德宏）
4. 大型湿地，通常可以聚集很多常见种（海南海口）
5. 不见水面的沼泽，是极为珍稀的沼蜓的栖息环境（云南普洱）
6. 竹子被砍后，根部的积水潭，是一些少见和珍稀蜻蜓的栖息环境（福建武夷山）

流水环境

1	2
3	

1-2. 茂盛森林中的林荫溪流，是很多少见和珍稀物种的栖息环境（海南吊罗山）
3. 大型河流，河岸带植被茂盛的区域聚集大量的种类（云南西双版纳罗梭江）

1 2
3

1-2. 森林中阳光充足的开阔溪流，是春蜓科喜爱的环境（湖北神农架）
3. 中型河流，飞行能力强的种类常在河面掠过，或者在河流边缘飞行（云南西双版纳野象谷）

4 5
6 7

4-5. 阳光充足具有大岩石的开阔溪流，可以聚集很多蜻蜓和豆娘（海南尖峰岭）
6. 沟渠，是大蜓尤为喜爱的环境（云南红河）
7. 狭窄小溪，是很多春蜓、裂唇蜓、色蟌类群等的重要栖息环境（广西崇左）

1. 陡坡上的溪流，一些蜓科物种偏爱（云南普洱）
2. 小型瀑布，少数种类的栖息环境，包括一些蜓科、扇蟌科种类等（福建武夷山）
3. 渗流地，大蜓比较喜欢来回穿梭于此（云南德宏）
4. 具有滴流的石壁，少数头蜓、扇蟌栖息的环境（福建武夷山）

无水环境

1 1. 林窗，很多大型蜻蜓喜欢在林窗活动捕食（云南德宏）

2 2. 一些溪流附近的林荫路，经常有蜓经过，在炎热的午后也有很多豆娘驻足躲避阳光（云南德宏）

2. 蜻蜓的生活习惯

掌握一些重要的行为规律，才能在最合适的时间和地点捕捉到精彩的画面。虽然各个类群、每种蜻蜓都有不同的生活习惯，但在观察和总结之后，可以得出一些有趣的规律。

领地行为

你所见到的蜻蜓是雄还是雌？不管是郊野里的小溪，还是城市公园的池塘，只要停留片刻都可以观察到蜻蜓的身影，他们在水面上飞舞、追逐。你所见到的蜻蜓绝大多数是雄性！水面上浮现的雄性蜻蜓，都是在守卫、巩固自己的领地。

观察和记录领地行为是蜻蜓考察和研究的最重要方式之一。雄性的领地行为可以为物种分布、行为学观察、生态学定量等科学领域提供数据支持。

占据领地的方式极为多样，并和飞行能力直接相关。主要分成两大类：飞行式和停歇式。

飞行式领地占据

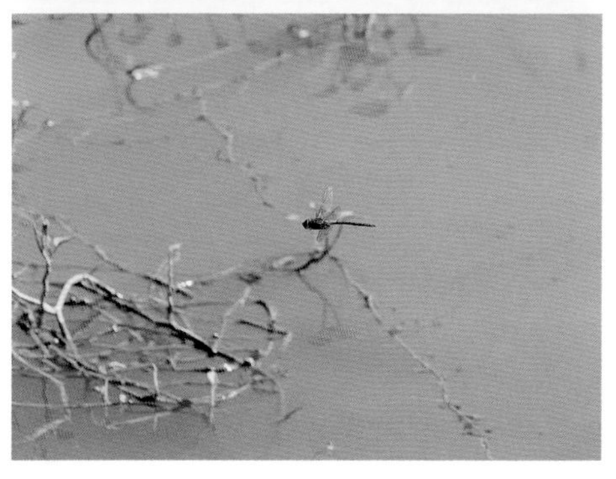

	3	4
1	5	6
	7	8
2	9	10

1-2. 雄性斑伟蜓沿着池塘水面巡飞
3-4. 雄性海神斜痣蜻沿着池塘水面来回巡飞
5-6. 雄性狭痣佩蜓在溪流上定点悬停，护卫领地
7-8. 雄性金黄显春蜓在溪流沙滩附近定点悬停，护卫领地
9-10. 雄性长鼻裂唇蜓在溪流上方的一段来回巡飞

1 2 1-2. 雄性锤钩大伪蜻在宽阔的河面巡飞
3 4 3-4. 雄性台湾环尾春蜓在河面上定点悬停，护卫领地

停歇式领地占据

5 5. 雄性钩尾副春蜓停在沙滩上，占据领地

1. 雄性环纹环尾春蜓停在水面的大岩石上，占据领地
2. 雄性华丽溪蟌停在水面的枯枝上，占据领地
3. 雄性网脉蜻停在水草的叶片上，占据领地
4. 雄性华饰叶春蜓停在水面的枝头，占据领地
5. 雄性泰国绿综蟌停在水潭旁边的树枝上，占据领地
6. 雄性晓褐蜻停在水潭边缘的水草上，占据领地

1	2
3	4
5	6

1
2 1-2. 池塘边缘的枯枝头停满各种不同种类的雄性蜻蜓，占据领地

争斗行为

同种或近似种的雄性为了争夺领地和配偶，会展开激烈的争斗。最强壮的雄性享有领地和交配权。不同种的雄性蜻蜓也可能为了占据有利位置而展开争斗，有时争斗中会有身体碰撞和撕咬。

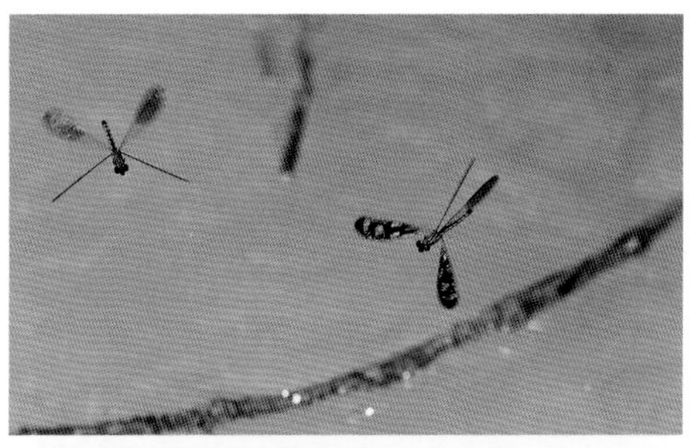

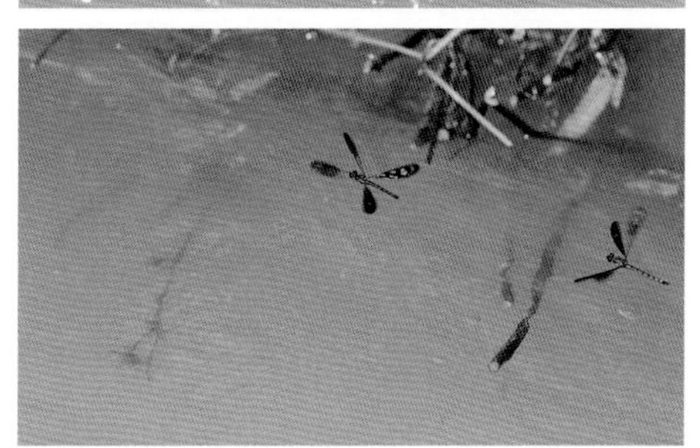

1
2
3
4
1-4. 两只雄性的蓝纹圣鼻蟌在水面上争斗

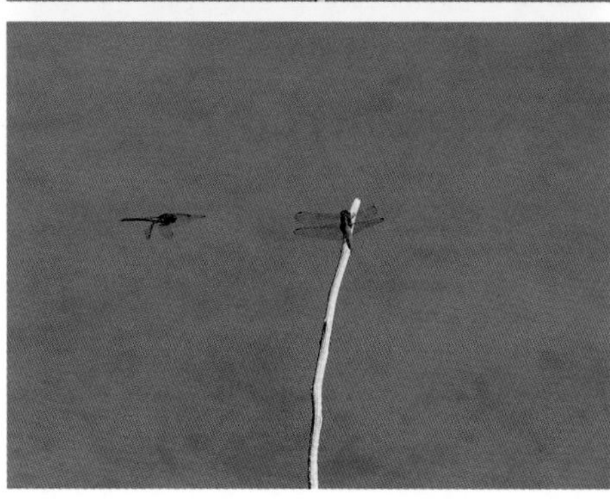

1. 两只雄性透顶溪蟌在争斗中发生撕咬
2-3. 雄性晓褐蜻（飞行中）和雄性赤褐灰蜻（停歇中）争夺枝头的有利位置

4-6. 两只红尾黑山蟌相互靠近，举起腹部争夺领地

求偶行为

只有少数的雄性豆娘展现求偶行为，是蜻蜓中难得一遇的绅士。比较常见的是鼻蟌的求偶行为。

1-2. 雄性三斑阳鼻蟌伸出白色的胫节求偶

交尾行为

交尾通过一种环形连结完成。交尾之前，雄性通常要进行精子的传递——授精。由于雄性蜻蜓的内生殖器（精巢）位于腹部末端，而外生殖器位于第2、3节下方，因此雄性蜻蜓需要将腹部弯曲完成授精。交尾的开始，首先是雌雄相连，此时雄性用肛附器夹住雌性的后头或者前胸，之后雌性将腹部弯曲至雄性腹部基方完成环形连结。有些环形连结是非常标准的爱心形。交尾可以在空中进行，也可以在停歇时进行。交尾的时间，有些种类短至几秒，有些则长达数小时。

1
2
3
4

1-4. 透顶单脉色蟌的交尾过程

5. 透顶溪蟌的爱心形连结
6. 红尾黑山蟌交尾
7. 透顶单脉色蟌的爱心形连结
8. 三斑阳鼻蟌交尾

1. 黄蓝长腹扇蟌交尾
2. 雄性溪蟌的授精过程
3. 纹蓝小蜻交尾
4. 长尾红蜻空中交尾

产卵

产卵分为两大类：点水式和插入式。点水产卵的雌性具有开孔式产卵器，可以直接把卵排出至水中。插入式产卵的雌性具有锋利的锥形或者锯形产卵管，可以将卵插入泥沙、植物茎干或者土壤中。

1. 莫氏大伪蜻在快速飞行时点水产卵
2. 鼎脉灰蜻点水产卵

1	2
3	4
5	6

1-2. 碧伟蜓把卵插入在水面漂浮的水藻中
3-4. 崂山黑额蜓把卵插入朽木中
5-6. 红尾黑山蟌把卵插入潮湿的泥土中

插秧产卵

雌性的大蜓有一根延长的锥形产卵管，可以通过身体直立，反复的插秧动作将卵插入溪流底部的泥沙。与之相似，裂唇蜓也是通过身体直立，把卵插入溪流边缘的浅滩。

1-4. 赵氏圆臀大蜓插秧式产卵
5. 长鼻裂唇蜓插秧式产卵

空投产卵

一些种类悬停于水面上，将卵直接投入水中，这样可以远离水面附近的天敌。

1. 在溪流上悬停空中投蛋的双髻环尾春蜓

连结产卵

这种产卵行为常见于小型豆娘和蜻科种类，雄性为了保证雌性在交尾后顺利产卵和自己的优势基因遗传给后代，仍然和雌性连结在一起，随雌性一起产卵。雄性会选择合适的产卵地点，并一直陪伴雌性产卵全程。

1.高砂虹蜻在溪流上连结产卵
2.华斜痣蜻连结飞行，在水面寻找合适的产卵地点
3.蓝脊长腹扇蟌在溪流边缘的潮湿土壤中产卵
4.褐狭扇蟌停在水面的枯枝上连结产卵

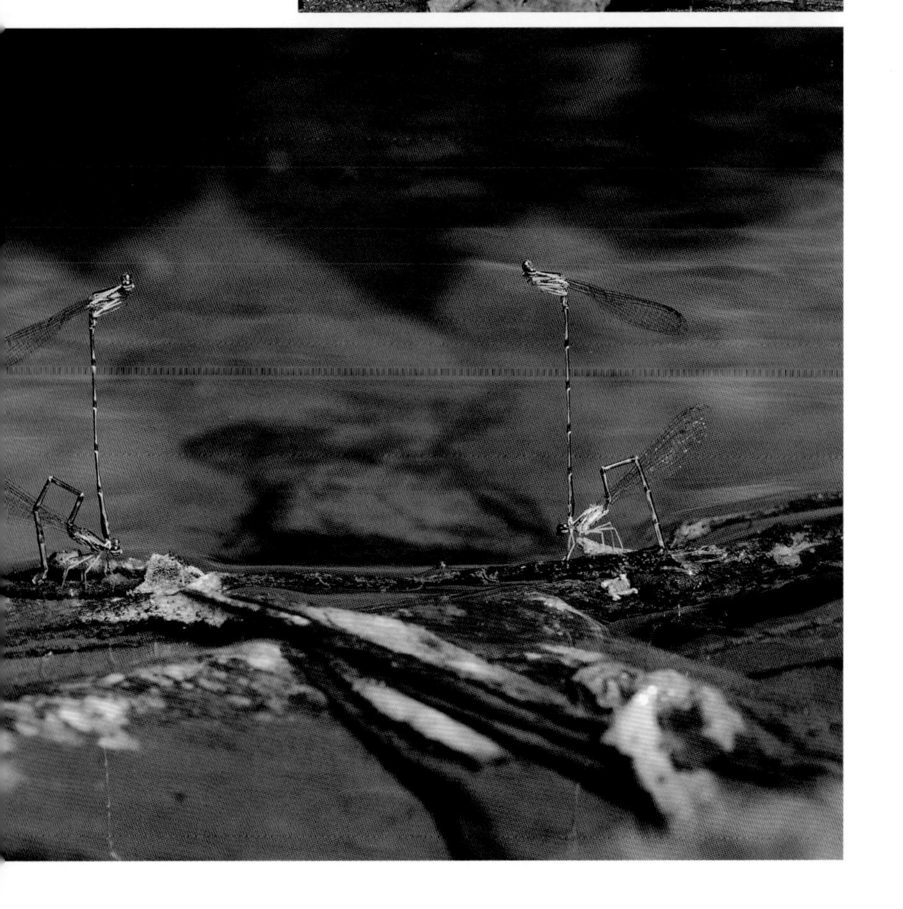

护卫产卵

与连结产卵的目的相似，都是雄性为了保护雌性采取的方式。交尾后雌雄不再连结，但雄性守卫在雌性周围，可以围绕雌性飞行或者停靠在其身旁。少数种类可见头对头式的护卫甚至“亲吻”。

1. 雄性的透顶单脉色蟌在距离雌性一定距离处护卫产卵
2. 雄性的红尾黑山蟌在距离雌性一定距离处护卫产卵

1 2
3
4

1-4. 雄性的鼎脉灰蜻在雌性产卵期间绕其飞行

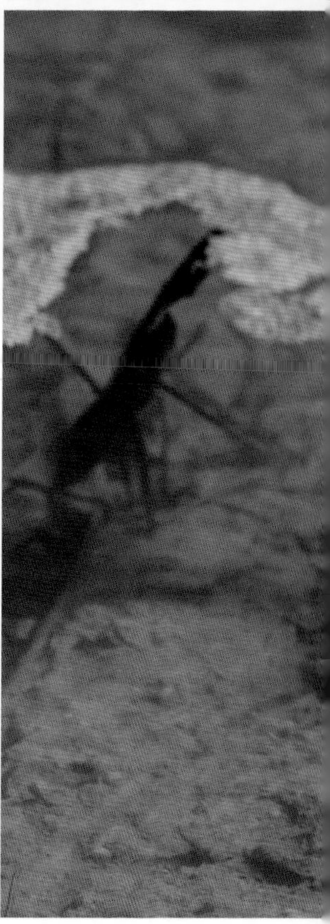

1 2
3 4

1-4. 雄性的赤褐灰蜻在雌性产卵期间形影不离

雄性的赤褐灰蜻
雌性的赤褐灰蜻正在产卵

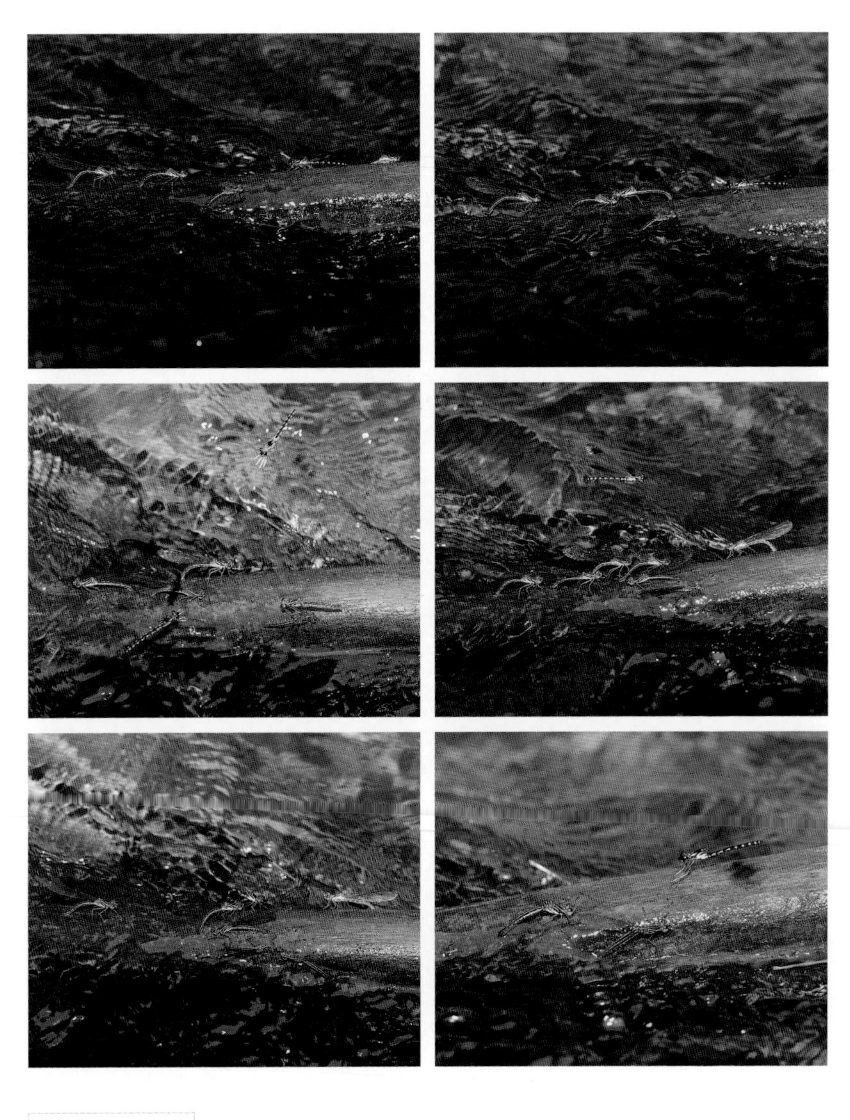

1	2	7
3	4	8
5	6	9

1-9. 一只雄性的三斑阳鼻蟌护卫一群产卵的雌性，这期间它会驱逐入侵的雄性并逐一检查每只雌性是否交尾过，如果没有会立刻交尾。有时它会十分靠近雌性，并与其“亲吻”

1	4	5
2	6	7
3	8	9

1-9. 雄性的透顶溪蟌停落在雌性附近，有时围绕其飞行。在雌性产卵时甚至停落在雌性头上

引导产卵

这种行为见于少数色蟌科种类，雄性会漂浮在水面，如同一只小船滑行，引导雌性到合适的地点产卵。

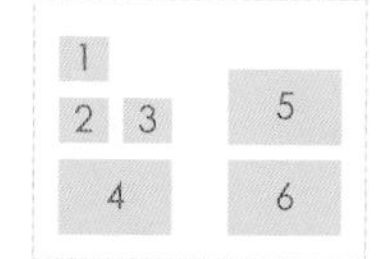

1-4. 透顶单脉色蟌雄性引导雌性产卵
5-6. 在树枝上集群产卵的尾溪蟌

集群产卵

仅见于少数豆娘，会在合适的天气聚集在某处集群产卵。

潜水产卵

仅见于少数豆娘，雌性可以全身潜入水下产卵。

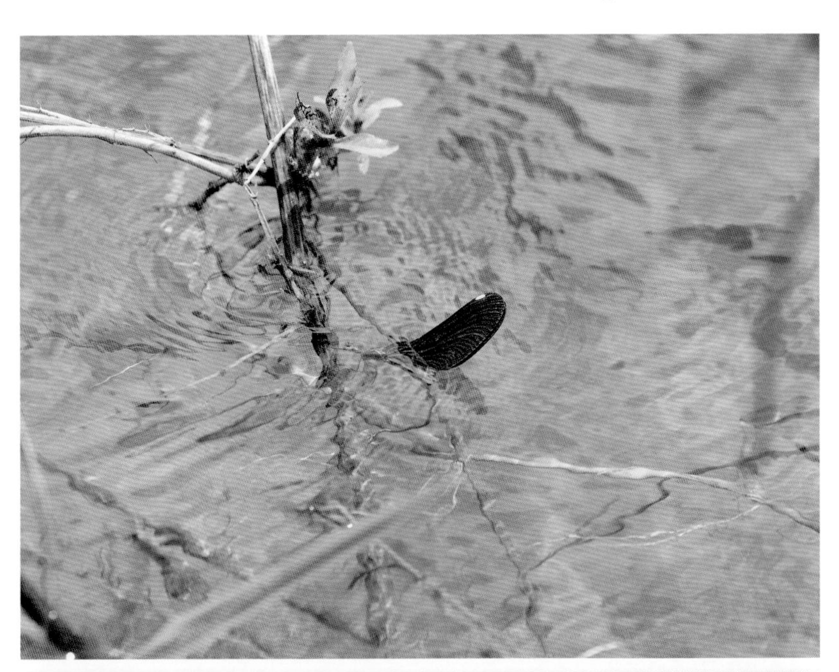

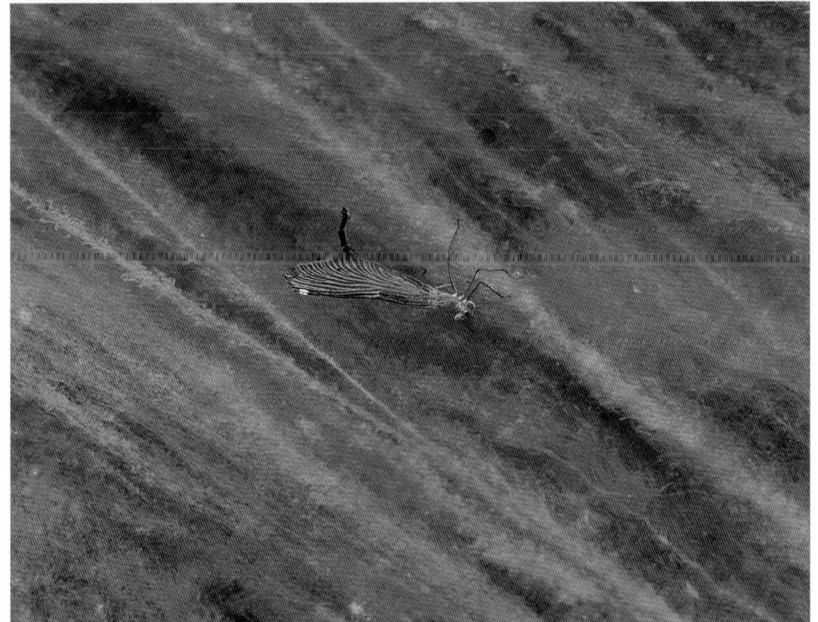

1 3
2 4

1-2. 潜水产卵的透顶溪蟌
3-4. 潜水产卵的透顶单脉色蟌，潜水时身体携带一层氧气膜

黏附产卵

一种比较特殊的产卵方式，雌性把卵黏附在水面悬挂的枝条上。孵化的蜻蜓稚虫可以直接跳水。

调节体温

调节体温的方式，最简单的就是躲避到树荫底下。通常在晴朗的午后，酷热来袭时，多数蜻蜓会躲避在阴凉处。然而它们通常隐蔽得非常好，不容易发现。一些耐热的物种，可以直接暴露在太阳下，它们将腹部翘起，朝向太阳，使身体暴露在阳光下的面积最小。另外还有一种方式就是用水降温，我们见到一些蜻蜓身体猛地反复撞击水面，实际上是在“洗澡”，为了降低体温。

1. 宽翅方蜻把卵黏附在水潭的枯枝上
2. 晴朗天气停落在树荫下的竖眉赤蜻

3.午后的高温使赛丽异伪蜻集群躲藏在土坡的阴凉处
4.浅色佩蜓在炎热天气躲进丛林深处的阴凉石壁
5.细腰长尾蜓在炎热天气躲进丛林深处的阴凉土坡

1
2
3
4

1. 竖眉赤蜻在烈日下将腹部翘起
2. 透顶溪蟌在烈日下将腹部翘起
3. 并纹小叶春蜓在烈日下将腹部翘起
4. 黄条刀春蜓在烈日下将腹部翘起且十分靠近水面

捕食

所有蜻蜓都是食肉动物。它们捕食各种小型昆虫，也包括同类。但不同种类有不同的食性偏好。比如爪蜻喜欢捕食蝴蝶，它们经常可以伏击擒获飞行的蝴蝶。蜻蜓通常喜欢捕捉飞行的猎物，也有些特殊种类，比如南美洲的巨人“直升机豆娘”，专门捕食蛛网上的蜘蛛。

1. 雨林爪蜻捕食蝴蝶
2. 翠胸黄蟌捕食豆娘
3. 长叶异痣蟌捕食豆娘
4. 锥腹蜻捕食蜘蛛

天敌

脊椎动物中，蜻蜓的主要天敌包括鸟类、两栖类和爬行类。无脊椎动物中，蜘蛛和多种捕食性昆虫都是蜻蜓的天敌。

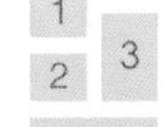

1-2. 食虫虻捕食鼻蟌
3. 栗喉蜂虎捕食高翔溪蜻
4. 落在蜘蛛网被蜘蛛捕食的豆娘

迁飞

迁飞是蜻蜓扩散分布的重要方式，迁飞主要发生在秋季。具有迁飞习性的蜻蜓主要是伟蜓、黄蜻、斜痣蜻等飞行能力强的种类。中国北方的碧伟蜓在秋季进行的大规模南迁比较容易观察；黄蜻也有从北向南迁飞的习性，这类属于长距离迁飞的物种；另有一些在热带地区小区域迁飞的蜻蜓，它们在秋季雨季结束后比较活跃，而它们的迁飞活动与附近海域的热带气旋活动密切相关。

二型和多型现象

雌雄二型在蜻蜓中非常普遍，雄性通常比雌性艳丽。雌性或雄性的多型现象在少数类群中发现，同一种蜻蜓的同一性别具有不同的色彩和条纹。

1. 晓褐蜻的雄性为紫红色
2. 晓褐蜻的雌性为黄褐色
3. 红尾黑山蟌的雄性身披粉霜并具有红色腹部
4. 红尾黑山蟌的雌性通体黄褐色并具黑色条纹

1. 异色灰蜻雄性为蓝色
2. 异色灰蜻雌性为黄褐色并具黑色条纹
3. 叶足扇蟌雄性具有叶片状的足
4. 叶足扇蟌雌性没有叶片状的足
5. 黑带绿色蟌雄性的透翅型
6. 黑带绿色蟌雄性的黑带翅型
7. 斑翅裂唇蜓雌性的斑翅型
8. 斑翅裂唇蜓雌性的透翅型

四 寻蜓记

1／雨林深处的火焰，『凤凰』之舞

2／国王驾到——守望蝴蝶裂唇蜓13年记事

3／寻觅『丛林之光』

4／中国蜻蜓栖息地特搜之中缅边境上的绿洲——云南德宏

5／喜马拉雅幽灵

野外考察趣事多多，与蜻蜓近距离接触的很多情节让我永远难忘。我从孩童开始在山野里寻找蜻蜓，也积累了它们生活的很多奇闻异事。此处为大家介绍三个寻找蜻蜓的故事、一个中国重要蜻蜓栖息地的野外考察工作以及一个非本人的考察经历——蜻蜓学发展史上的一段神奇故事。

1. 雨林深处的火焰，“凤凰”之舞

故事要从海南岛说起，我们必须先找到那片在中国并不多见的原始热带雨林和那些光影透射进来的清澈溪流。看起来海南岛中部的五指山国家级自然保护区会是一个不错的选择！故事的主人公，“凤凰”，就隐藏在这里的神秘森林中，它们是一群很害羞的丛林精灵，世世代代隐居在山水之间修身养性，最终它们被列入仙班，成为了海南动物王国的一面旗帜。

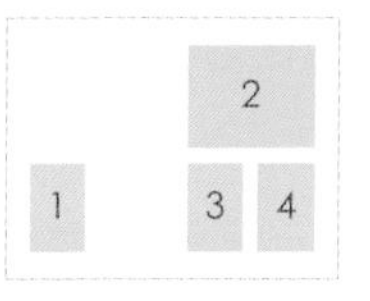

1-4. 海南五指山的“凤凰”栖息地

识别“凤凰”

“凤凰”名声显赫，远扬全球，可谓中国昆虫界的Superstar，那它凭什么获此殊荣？首先我们要介绍一下“凤凰”究竟是什么。

“凤凰”学名丽拟丝蟌*Pseudolestes mirabilis* Kirby, 1900，为中国海南特有种。它的身体主要是黑色，并被稀疏的黄色条纹点缀，翅的色彩异常绚烂。

1-3. 雄性“凤凰”

凤凰的名气来自以下几个方面：

极其特殊的身体结构

“凤凰”最显著的识别特征在翅的形态。它的后翅明显退化，仅为前翅长度的3/4，看起来很像一片叶子，这在全世界所有已知的蜻蜓中是独一无二的。正是由于如此特殊的身体构造，使它在分类学上高度孤立，成为了一个完全独立的科，拟丝蟌科。蜻蜓学家已经从基因测序的分析结果进一步证实了这一观点，即丽拟丝蟌独一无二，是拟丝蟌科唯一的代表。

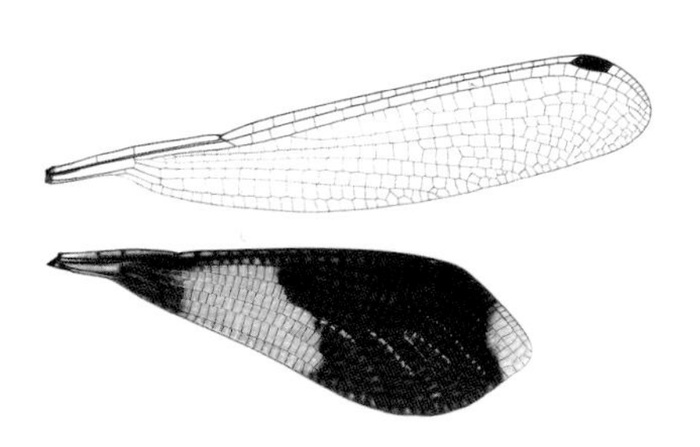

1-3. 雌性“凤凰”
4. “凤凰”翅的构造

“金”和“银”汇集一身

这样特殊的后翅构造，如果再加上一点绚丽的色彩更能衬托出它的高贵气质。没错，它的后翅确实是染色了！什么颜色？答案是金和银！雄性“凤凰”的后翅正面被金色和黑色覆盖，而背面则是覆盖大面积的银色蜡质沉积物，这种搭配完全符合人类对尊贵、权势和地位的定义。

卓越的舞蹈表演艺术家

看似一点生理缺陷，比其他蜻蜓短了半截翅，却尤其擅长空中杂技。“凤凰”的舞蹈可以让热带雨林沸腾，“金色的叶子”可以点亮雨林深处的黑暗。

走进“凤凰”的世界

盛夏时节，一只正当壮年的雄性“凤凰”正在海南五指山的热带雨林度过它生命最后一个阶段——成虫期。这个最后的飞行时刻非常短暂，只能持续不到两个月的时间，它必须充分而有效地利用这个重要时刻，并履行它的使命——繁衍后代。我们将它命名为“凤凰1号”。

“凤凰1号”每天早上9点半慵懒地从茂盛的树冠上飞下水边，并最终翘臀站立在枯枝条上。这是它的领地，站在这可以居高临下，发现水面上的任何动静。停歇时它的前翅和后翅呈不同的角度分开，但从不合并，这并不是一种豆娘的招牌动作。

1 1.“凤凰 1 号”站立在枝头上，守卫领地，停歇时双翅展开

蓝色的标志

“凤凰1号”拥有非常美丽的身体线条和色彩，它面部有一处格外明显，是它蓝色的脸。这是一个重要的信息，表明它已经是一只性成熟的雄性凤凰。

飞舞的火焰

“凤凰1号”并不会终日停落，而是时不时地飞行巡逻，它以一种非常慢的飞行速度在水面飞舞，透明的前翅控制前行的方向，并频繁扇动。而后翅更多的是作为一种展示和炫耀，因此水面上经常略过一片“金色的叶子”。关于丽拟丝蟌的飞行机制尚无科学的报道，或许可以成为一个不错的研究题目。

然而它的生活充满了挑战。当有入侵者闯入，它会变得非常紧张，这导致另外一种舞姿出现，翘臀舞。如果是两只雄性的丽拟丝蟌相遇，一场争斗立刻开始。它们头对头，互相怒视，互相靠近，打量着对方。参战人员都将腹部高高翘起，后翅压向身体下方，将翅上的金色和银色展现得淋漓尽致。有时它们争斗着飞向半空，当有3、4只甚至更多的凤凰碰头，就是一场群舞。它们互相追逐、互相试探，但终究会有一个最优秀的胜利者，继续统治。“凤凰1号”幸运地成为了这片水域的统治者。

1-3.“凤凰”之舞

1-4.“凤凰”之舞

胜者为王，迎接婚礼

毫无疑问，胜出的雄“凤凰”优先享有交配的权利。害羞的雌“凤凰”出现就预示着婚礼的开始。“凤凰1号”成功地迎接到了这个幸福时刻。“凤凰”的交尾时间并不长，这期间雌雄形成环式连结停落在枝头上。

称职的父亲

交尾结束以后，最重要的环节开始了，雌“凤凰”会立刻选择一个合适的繁殖地点产卵。雄性“凤凰”形影不离，护卫它的伴侣。雌性会将卵产在溪流边缘的朽木和苔藓上，它锋利的产卵管可以确保这些蜻蜓宝宝被顺利地送进育婴室。

结语

2014年我同西班牙蜻蜓行为学专家Adolfo Cordero-Rivera在海南五指山留守2个月研究丽拟丝蟌的行为，这源自一个中西合作项目。这期间我们获得了大量有价值的新奇发现。在热带雨林中我们一共标记了30余头雄性个体，详细记录了它们每一天的生活规律，我们擒获了“凤凰1号”很多生活中的细节，一直陪伴到它生命的最后一刻，也无数次被“凤凰”的舞蹈所震撼。然而这项研究对这个神奇生物来说还远远不够，我们会继续前往海南广阔的热带丛林去记录更多关于它们的趣味故事。

可能了解海南岛的自然爱好者对丽拟丝蟌并不陌生，每年也有无数的蜻蜓铁粉会远足旅行到海南一睹“凤凰”的风采，这其中也包括很多鼎鼎有名的国际蜻蜓学家。我很确信随着昆虫学的迅速发展和公众对大自然关注力度的加大，丽拟丝蟌的地位和美学价值将会进一步提升。在2015年出版的《蜻蟌之地——海南蜻蜓图鉴》一书，丽拟丝蟌荣登封面。英国蜻蜓学家Graham Reels 尤其偏爱它，认为丽拟丝蟌的体态和着装很像“凤凰”，因此送其英文俗名“Phoenix”。

1.“凤凰”的婚礼
2. 雄“凤凰”形影不离地守卫着雌“凤凰”
3. 雌“凤凰”将卵产在朽木中
4. 被标记用于行为学研究的“凤凰 2 号”，图中右前翅编号为 2 号

2. 国王驾到——守望蝴蝶裂唇蜓13年记事

我和它们的故事从2006年夏天开始。

2006年7月13日，正值暑假，我从东北老家赶来和我的发小“小白”相约一次贵州之旅。贵州的小山村，颇具乡土气息，还有布依族的小男孩，特别喜欢戏水。喀斯特地貌的景色，村庄被一个个小山丘环抱着，峡谷里通常有河，或者说是比较宽阔的溪流。水很凉，很清澈，必然聚集很多“蜻蜓舞者”，它们时而站立在溪石上，时而在水面略过。这一天，很晴朗，蓝天几万里。九点过半，峡谷里还袭来阵阵凉风，渐渐有蜓乘风略过。接连几个，却看不清相貌，有些沮丧。似乎峡谷深处，藏匿诸多精灵，于是全心守候，目不转睛。眼看前方有“巨兽”飞来，这回很准，我将其收入。然而从没敢想，我看到了大白斑，没错，就是翅上的大白斑，是它的标志。这就是那个年代，我们心心念念的“黄斑宽套大蜓”。我曾多次目睹它的尊荣，在各种昆虫网站上。然而那个时候我们对它的习性只知一二，又怎会不期待这样的一次偶遇呢？

此后，每当河流再现“大白斑”，我都从远方赶来。在田野里、天空上、溪流边，它们乘夏末之绿，绽放优雅，为生命之河点燃希望。13年来，它们是河流最美的守护神，生生不息。

百变“蝴蝶”

1927年，昆虫学家Ris发表了一只采集自中国广东的奇特蜻蜓，根据雌性模式标本的特殊形态，将该种定名为*Chlorogomphus papilio*，中文名蝴蝶裂唇蜓。蝴蝶裂唇蜓的发现使整个裂唇蜓家族备受关注。雌性个体的翅展可以逾越155mm，是当之无愧的巨型昆虫，也是世界蜻蜓界的巨星。我送它一个昵称，蜻蜓世界的“大熊猫”。每一只“大熊猫”都有独特的装扮——翅上的斑纹都是独一无二的。

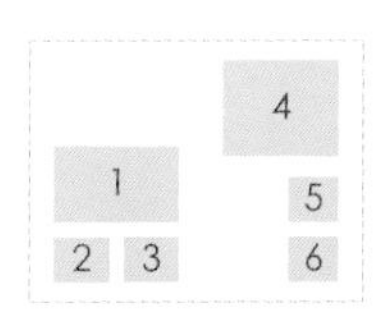

1-4. 贵州喀斯特森林的蝴蝶裂唇蜓生境
5. 雄蝴蝶裂唇蜓（广西）
6. 雌蝴蝶裂唇蜓（广西）

邂逅国王

与众不同之处，在于它们的大胆，敢于暴露自己。它们尤其喜欢宽阔、没有遮挡的溪水和河流，大摇大摆地在水面上炫耀。我们知道，水生昆虫靠近水面时，危险重重，一不留神就成了各种天敌的美餐，因此多数蜻蜓都会躲藏在隐蔽地段，或者非常短暂地靠近水面。国王身上自带法宝，它们身上的大白斑是识别的重要特征，也是一种武器。白斑在太阳光下会发光，也是一种警示，可以吓退天敌，至少鸟类从不袭击它们。这使得蝴蝶裂唇蜓可以霸占更大的空间来繁殖，也使它们进化出来独一无二的行为——雄性可以沿着溪流巡飞数千米来寻找雌性，这是蜻蜓界最霸道的繁殖行为。

驻足溪畔，邂逅国王。亲历和它们擦肩的瞬间，为之震撼。它们将最后的飞行献给生命之河，是夏末秋初的季节代表。

1. 雄蝴蝶裂唇蜓 - 贵州
2. 雌蝴蝶裂唇蜓 - 贵州
3-10. 雄蝴蝶裂唇蜓巡飞

结语

1	2	9
3	4	
5	6	10
7	8	

1-10、 雌蝴蝶裂唇蜓飞行产卵

每年此时，我都来这里。一晃13年，我从20岁少年跑到了30几岁的小叔叔，那些在溪水里洗澡的孩子都长大了。然而我和蝴蝶裂唇蜓的故事还会继续……早上六点半起床从市区出发，一段出租车，一段乡村巴士，一段摩的，九点到达，一个人的旅行。但有蜻蜓陪伴，不孤单。想到曾经为追蜻蜓可以狂奔几千米。现在重演，停下来气喘吁吁，眼冒金星，我真的老了，但还要去努力。我说它是蜻蜓国的国王，是最潇洒的飞行家，是霸气的水上王者。贵州喀斯特的峡谷，为蝴蝶裂唇蜓缔造了无数的栖息地，愿它们可以继续飞翔在贵州广阔的喀斯特森林。

3. 寻觅“丛林之光”

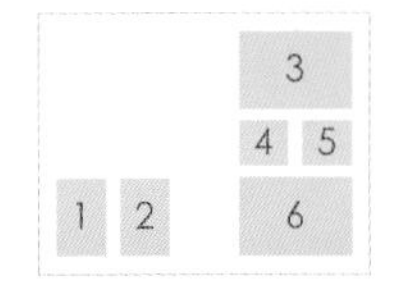

并非所有的蜻蜓都显而易见，容易发现。当然我说的不是偶遇，而是当你真真正正地去寻觅一个蜻蜓家族。在中国南方的热带和亚热带森林中，就居住着这样的一群精灵。我们踏上雨林深处的小径，走到深，走到远，走到漆黑。然后，你仔细地观察，可能是小水潭，也可能是小渗流，就有可能邂逅这些美丽的小“怪兽”。

1-2. 茂盛的热带雨林深处，“丛林之光”的居所
3-6. 形形色色的扁蟌科豆娘，它们如针般细，却特别修长

虽然躲藏在隐秘的森林深处，也很有必要证明自己的存在。怎样做到？发出一点“光芒”吧。我所谓的怪兽，实际上是一群具有特殊身材的豆娘。它们身体纤细，尤其腹部，极为细长，通常它们身体的某个部位，会携带一个标记，比如白色、黄色、蓝色的斑，这些色斑，在暗处格外显眼，使你不会错过它们，我称它们为“丛林之光”。“丛林之光”是这些小精灵的身份证，每一种都有自己独特的标记。这些隐居在热带丛林中的豆娘家族拥有极致的身材，它们的腹部非常细长，尤其扁蟌最夸张。另外一些则以翅上绚烂的霓虹色彩为标识。

1	5
2 3	6 7
4	8 9

1-4. 形形色色的扁蟌科豆娘，它们腹部如针般细，却特别修长
5-9. 色彩艳丽的扇蟌科豆娘，胸部具丰富的色斑

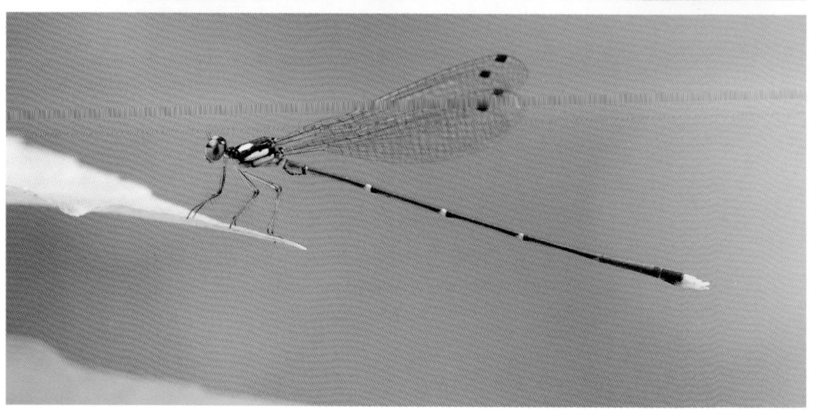

1-3.具有红色、黄色等鲜艳体色的扇蟌
4-5.隐藏在黑暗丛林的黑顶亮翅色蟌
6-7.白背亮翅色蟌，它们的翅具霓虹光泽

4. 中国蜻蜓栖息地特搜之 中缅边境上的绿洲——云南德宏

中国是全球重要的蜻蜓资源国，我国拥有的蜻蜓总数已经记录了900余种，可能超过1000种。这其中有相当一部分物种仅在西南边陲分布，而云南更是蜻蜓圣地。

物种宝库，中国云南

2009年至2019年这10年的考察期间，通过在云南各地细致的蜻蜓野外搜寻工作，共采集到近450种蜻蜓，这其中包括大量的中国新记录和新种，这项调查大幅度提升了中国已知的蜻蜓总数，并揭示了独特而神秘的云南蜻蜓区系。相信在经过更加细致的考察之后，云南的蜻蜓总数可以突破500种，成为全球蜻蜓的物种宝库。

中缅边境上的绿洲，云南德宏

云南西部和南部是中缅生态热点区域的重要组成部分，在整个云南生物多样性方面扮演重要角色。德宏傣族景颇族自治州是云南的最西端，目前德宏一共发现了蜻蜓目昆虫接近180种，其中包括21个中国新记录种和至少26种已经被确定的新种。德宏是云南省行政区划中面积最小的一处，却拥有最丰富的蜻蜓物种多样性，得力于其优越的气候条件和多样的淡水生态环境。德宏深受西南季风的影响，年降水量居云南省之首。充沛的降水创造了这片中缅边境上的绿洲，也缔造了无尽的蜻蜓家园。

1-9.中缅边境风光——德宏盈江县的蜻蜓栖息地

低海拔湿地

德宏州蜻蜓物种丰富的一个重要原因在于具有理想的低海拔蜻蜓栖息地。从盈江县城出发，经过90千米的盘山路，就可以抵达这片中缅边境上的低海拔季风性雨林。这里有丰富的河流和湿地，吸引了一些在中国极为罕见的热带种类。一些源自缅甸和印度的种类，陆续在这片区域发现，其中蜻科和蟌科等类群极为繁盛，而很多属种是中国唯一的可见区域。

1. 褐基异蜻（雄）
2. 红腹异蜻（雄）
3. 豹纹蜻（雄）
4. 网脉蜻 （雄）
5. 霜白疏脉蜻（雄）
6. 褐胸疏脉蜻
7. 锥腹蜻（雄）

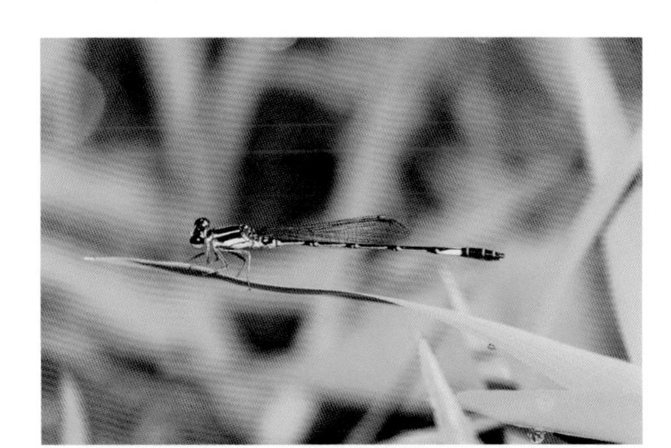

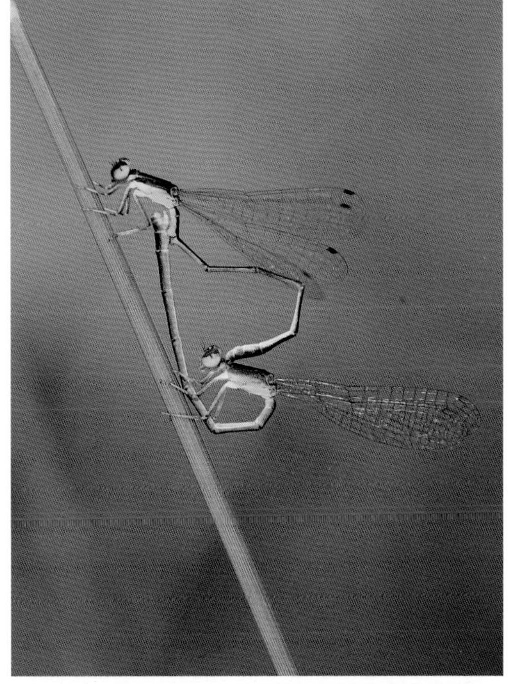

1	2	9
3	4	10
5	6	10
7	8	11

1. 钩尾方蟌（雄）
2. 沼长足蟌（雄）
3. 赤斑曲钩脉蟌（雄）
4. 晓褐蟌（雄）
5. 红胭蟌（雄）
6. 褐基脉蟌（雄）
7. 六斑曲缘蟌（雄）
8. 森狭翅蟌（雄）
9. 印度小蟌（雄）
10. 黄尾小蟌（交尾）
11. 丹顶斑蟌（雄）

在这片低地河谷，还记录到大量具有迁飞能力的迁移种，而它们的活动与印度洋孟加拉湾的热带气旋活动密切相关。多数迁移种类于秋季被记录，比如斜痣蜻属、伟蜓属等，通常是10月以后，即一年一度的蜻蜓大迁徙时期。如2016年10月下旬，孟加拉湾上有活跃的热带气旋在印度南部洋面生成，之后其向东移动直接进入德宏。随后，在盈江县那邦镇的低海拔湿地，陆续发现一大批迁移种类，比如蓝黑印蜻于11月1日被发现，即气旋经过后的第一日。然而它们在此后的几日再也没有出现，这种蜻蜓也是2016年的中国新记录种。这些蜻蜓的不稳定性也更增加了云南西部蜻蜓区系的神秘，云南西部将持续地发现中国新记录。

1 2 | 3 | 4 | 5 6 | 7 8

1. 点斑隼蟌（雄）
2. 多横细色蟌（雌）
3. 黄斑丽大伪蜻（雄）
4. 褐狭扇蟌（连结产卵）
5. 蓝黑印蜻（雄）
6. 东亚伟蜓（雄）
7. 浅色斜痣蜻（雄）
8. 海神斜痣蜻（雄）

中海拔雨林

在海拔500～1500米的茂盛森林，居住着大量神秘和未知的生物。这些种类非常珍稀，通常依赖森林中的清澈溪流和渗流地。铜壁关国家级自然保护区的森林溪流中，已经陆续发现了新种褐带暗色蟌、白背亮翅色蟌等珍稀蜻蜓。

1. 褐带暗色蟌（雄）
2. 四斑圣鼻蟌（雄）
3. 蓝纹圣鼻蟌（雄）
4. 黄侧鼻蟌（雄）
5. 黑单脉色蟌（雄）
6. 灰丽扇蟌（雄）
7. 赭腹丽扇蟌（交尾）

不可替代的重要蜻蜓栖息地

根据目前的调查结果，德宏所发现的热带属种的数量明显高于云南南部的西双版纳州，使其成为中国乃至世界最重要的蜻蜓栖息地。随着研究的深入，德宏西部的中缅边境地区仍将发现大量的新种和新记录种，这会大大激发蜻蜓学者的工作热情。云南铜壁关的扁蟌新属，命名为云扁蟌属，以此来突显云南蜻蜓王国的地位。

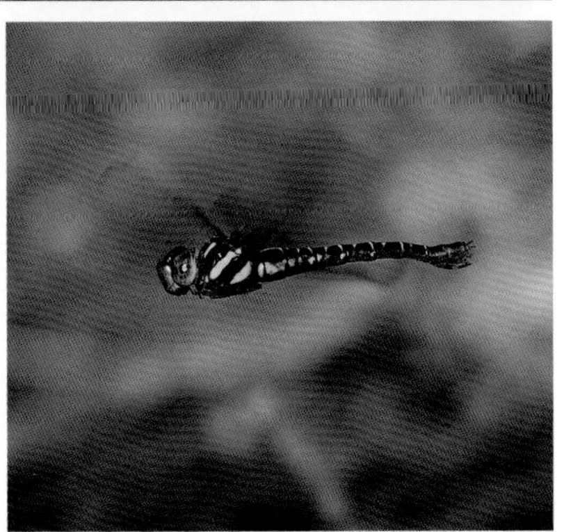

1. 褐面圆臀大蜓（雄）
2. 褐面圆臀大蜓（雌）
3. 白尾异春蜓（雄）
4. 基凸长尾蜓（雄）
5. 锡金棘蜓（雌）
6. 无纹长尾蜓（雄）
7. 韦氏云扁蟌　（雄）
8. 德宏州发现的多棘蜓属新种（雄）
9. 德宏州发现的多棘蜓属新种（雌）

1-8. 德宏发现多种黑额蜓属新种

5. 喜马拉雅幽灵

最后给大家讲讲一个非本人经历的野外考察故事。首先要介绍一位蜻蜓学家，Allen Davies。2003年他逝世的消息被发表在蜻蜓学期刊Odonatologica。他自幼年与昆虫结缘，更是对蜻蜓情有独钟，之后他研究蜻蜓作为自己的第二职业。Allen Davies对蜻蜓学最大的贡献就是揭示了喜马拉雅昔蜓的生活史之谜。

Odonatologica 32(3): 295-301 *September 1, 2003*

OBITUARY

DAVID ALLEN LEWIS DAVIES

A short biography of Prof.Dr D.A.L. Davies (18 March 1923-2 March 2003), professional biochemist and immunologist, and one of the world's leading odonatologists, is followed by his odonatological bibliography (1954-2003; 41 titles).

Allen Davies sadly died on 2 March 2003, just a few days short of his 80th birthday. He will be missed by his many friends in the odonatological world. He was one of those really talented people who seem to be successful in most things they do. He was a professional research biochemist who developed an interest in dragonflies primarily as an amateur, but as his career was drawing to a close, he effectively started a second professional life with the study of Odonata. He believed in the ability of the natural world to enrich the human experience. Like so many of us, he retained into adulthood a childlike excitement with insects and especially dragonflies: their colours, shapes, diversity, behaviour and habitats all fascinated him. He believed that much of this would be lost due to

1-3. 蜻蜓学家 Allen Davies，引自蜻蜓学期刊 Odonatologica 第 32 卷第 3 期

我们知道，蜻蜓目昆虫主要的两大类是蜻蜓和豆娘。然而两者之间，还有一个古老的类群，是古代蜻蜓在现代的唯一后裔，在地球的生活史超过一亿年，那就是间翅亚目的昔蜓。昔蜓之所以保存至今的原因是其有着非常与众不同的生活史，因为它们完全远离人类，隐居在那些雄伟而遥不可及的险峻高山上，比如世界屋脊喜马拉雅山脉就是它的一处栖息地。

Allen Davies与喜马拉雅昔蜓的故事要追溯到20世纪90年代。那是一次赴印度北部的考察。考察有三项任务：第一是更全面地了解印度北部的蜻蜓区系，记录有约540种蜻蜓，包括大量的特有种；第二是寻找到至少5种分布在喜马拉雅山脉的裂唇蜓；第三个目标，是一项极具挑战结果未知的任务，寻找神秘的喜马拉雅幽灵，在地球存活了一亿两千万年之久的喜马拉雅昔蜓！

早先有关喜马拉雅昔蜓的传说不止。大吉岭，位于喜马拉雅山麓的西瓦利克山脉，是这次考察的重点区域。早年已有多位蜻蜓学家访问过这里，包括著名的蜻蜓学家Fraser。但是他们都未曾发现昔蜓的踪迹。1959年，日本蜻蜓学家朝比奈在此地发现了昔蜓的稚虫，之后于1963年，日本的昆虫团队采集到一对昔蜓。1981年，世界自然保护联盟IUCN再次支助了朝比奈到此处考察，但一无所获。之后IUCN再次发起考察，然而因战争被取消。1989年剑桥大学考察了此区域的15条溪流，其中3条发现了昔蜓的稚虫。这3条溪流的特点是具有小型的瀑布群。稚虫在海拔1800～2300米的高程范围被发现。

Allen Davies一行人员的先前考察区域是蚂蟥的聚集地，而且该区域常年阴天。然而糟糕的是，水被引走后溪流干枯，而且大量的森林被砍伐，这样的环境还可能有昔蜓吗？他们随后居住在锡金附近，他们居住的地方可以清晰地见到干城章嘉峰，海拔超过8500米。在此地他们发现了裂唇蜓和春蜓，但是没有昔蜓。之后他们返回大吉岭。他们先是选择了一条通往山顶电视塔的路，也是很多登山爱好者看日出的地点，然而没有蜻蜓。最后他们决定穿过一片海拔3350米、在云层之上的茂盛竹林。让他们非常意外的是，一个和日本昔蜓长相相似，但体型更长的身影在树梢上飞行。天呐，喜马拉雅昔蜓！

之后他们在海拔3000～3600米扩大了考察区域，他的日记里说道“透过窗户，他们看到阴雨绵绵的山区，身上披着重重的皮夹克，山顶会有晴天吗？昔蜓会在那里飞行吗？”最终经过数日的艰苦探险，喜马拉雅昔蜓的生活之谜被破解：老龄的稚虫攀爬在较高处的瀑布上，高于伐木和引水区域，而羽化之后的成虫，在海拔3000米以上的山顶，跨越云层以获得足够的阳光。很少有路通往这些山顶。在山顶可以俯瞰到40千米起伏的山脉。Allen Davies说：这些古老的蜻蜓仅在珠穆拉玛峰海拔高度一半的山顶飞行，却完全逃脱人类的视线，它们一定是“无危”物种（IUCN红色名录的保护等级，无危物种为最低等级）。

后记

2018年当我的老友Matti Hämäläinen第三次来访中国，他刚刚过完自己70岁的生日。他神神秘秘地告诉我，要带给我一个“big surprise”。确实这是一个极为珍贵的“surprise”——一只Allen Davies在这次考察时采集的雄性喜马拉雅昔蜓标本。Matti说没有人知道Allen Davies在考察期间获得了多少只昔蜓标本，但确定无疑的是数量非常稀少，他们在数十天考察期间遇见昔蜓的次数非常少！当年Allen Davies把这只标本送给了Matti，如今Matti在他70岁的时候又把它传递给了我，Matti说希望后辈可以学习前辈不畏艰险的精神，继续破解古蜻蜓后裔的更多谜团。

1　1. 喜马拉雅昔蜓雄性标本，Allen Davies 于 1992 年采集自印度和尼泊尔的边界地区

寻找蜻蜓是一项繁重的工作，尤其是对于那些人类未知的险峻环境。我很庆幸我可以访问如此丰富的蜻蜓栖息地，发现它们、记录它们、研究它们，然而故事背后却也有很多惊险事件。2011 年 7 月 6 日，我在广东大峡谷考察期间，因挥动捕虫网的疏忽触碰 3 万 6 千伏的高压电。当时我和老搭档 slmok 一起，是他在危机时刻陪伴在我身边。有趣的是，slmok 是一名非常全能的工程师，当事件发生，他还从容地为我拍了一张照片。事后我问：为什么不先救人？他回答：触电嘛就是这样，只要你那一刻没有死，保证死不了。当时手脚多处被电击穿形成很多黑洞，而触电后身体出现的那种头晕、呕吐更是极其难受。slmok 一直为我揉腿，直到十分钟后身体渐渐恢复知觉。他还开玩笑地说：大难不死必有后福！事件发生两小时后，我们继续前行开展考察……

1
2 3 1-3.2011 年在广东大峡谷触电时的惊险一幕

五 蜻蜓世界大咖秀

蜻蜓世界，多姿多彩，霓虹变幻。世界各地都有独特的代表类群，有些是体型硕大的王者，有些是娇小艳丽的精灵。全球已知超过6000种蜻蜓，它们分布在各类淡水栖息环境，是淡水生态系统的构成要素，在生态系统中发挥着重要作用。此处选取在蜻蜓世界备受关注的一些代表，带您到世界各地探个明白。

首先，先来了解一下我们身边的蜻蜓。我国淡水资源丰富，蜻蜓栖息地的多样性造就了世界罕见的千种蜻蜓大国。虽然多数蜻蜓远离人类躲避在深山老林，但了解它们的故事之后，或许您会期待一次野外探险与丛林精灵近距离接触。我们从中国蜻蜓的明星物种说起。

1. 中国蜻蜓明星物种

第10名 碧伟蜓

“大老碧”“大绿豆”“绿大头”，这种蜻蜓被人们给予了很多俗名，可见它与人类的亲密关系。碧伟蜓，一种从北到南，遍及中国的常见蜻蜓，是我们身边最熟悉的伙伴。招牌绿，当你看见城市公园里湖面上来回飞行的绿色蜻蜓，那一定就是碧伟蜓。尤其在寒冷的北方，碧伟蜓为孩子们的童年增添了无尽的乐趣，是童年回忆里不可缺少的绿色元素。

1
2

1.碧伟蜓（雌雄连结产卵）
2.碧伟蜓（雄）

第9名 灰蜻

灰蜻是一类善于装扮的蜻蜓，多数雄性的灰蜻在成熟以后，身披蓝色粉霜，少数几种是艳丽的红色、粉红色。灰蜻遍及全国，即使在最寒冷的北方，它们也很繁盛。常见的几种包括白尾灰蜻、黑尾灰蜻、异色灰蜻、鼎脉灰蜻和赤褐灰蜻。

1. 异色灰蜻（雄）
2. 白尾灰蜻（雄）
3. 鼎脉灰蜻（雄）
4. 赤褐灰蜻（雄）

第8名 鼻蟌

鼻蟌可谓蜻蜓中最有灵性的一类豆娘。外观上，它们面部具有一个特殊的大鼻子，是由唇基特化而来，这与其他豆娘非常不同。鼻蟌的翅也是极具特色，翅上常具有“翅窗”。雄性的鼻蟌挥舞着这些翅窗来争斗、求偶。它们是溪流上最靓丽的小精灵。

1	2
3	
4	

1. 点斑隼蟌（雄）
2. 黑白印鼻蟌（雄）
3. 三斑阳鼻蟌（交尾）
4. 蓝脊圣鼻蟌（雄）

第7名 丽翅蜻

丽翅蜻的形态与蝴蝶略相似，而且飞行姿态也十分接近。它们通常慢速地振翅在空中舞动、滑翔。但它们身体具金属光泽，翅深色，具大面积的色斑并闪烁霓虹光泽。虽然看起来慵懒而慢速，却是深藏不露的飞行健将，很多丽翅蜻都可以长距离迁飞。

1. 曜丽翅蜻
2. 黑丽翅蜻
3. 斑丽翅蜻
4. 三角丽翅蜻

第6名 侏红小蜻

如其种名所示，这是一种体型非常小的红色蜻蜓，体长仅有20mm左右。体型虽小却艳丽显眼。与其栖息的绿色杂草环境形成鲜明的对比。它们喜欢停落在枝头，峭立。侏红小蜻是中国差翅亚目中体型最小的一种，与中国最长和最大的大蜓——裂唇蜓形成了鲜明的对比。

1
2 1-2. 侏红小蜻（雄）

第 5 名 华艳色蟌

由自然学之父林奈在1758年发表，它是中国第一种以科学的方式记录的蜻蜓。艳色蟌属的显著特征即是雄性后翅上的金属蓝色和绿色，翅在不同的光线可以反射出不同的光泽。它们是热带地区溪流环境的代表，而它们出没的溪流在阳光下如同镶嵌了绿色宝石。中国有2种艳色蟌，它们后翅大面积覆盖金属绿色，由于拥有独一无二的酷炫之翼，它们成为中国蜻蜓目最具代表性的物种之一。

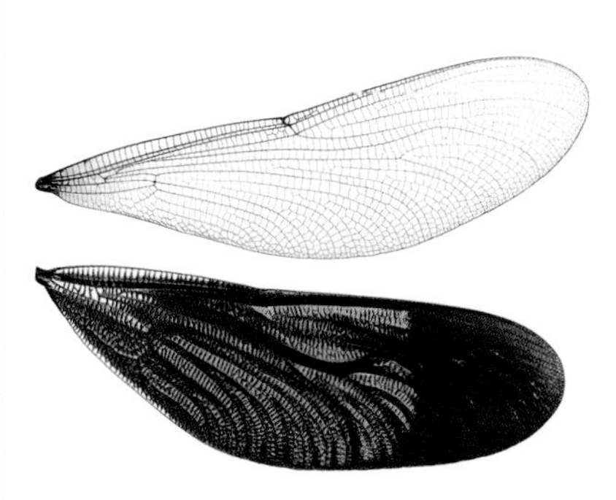

1. 华艳色蟌（雄）
2. 华艳色蟌（雌）
3. 华艳色蟌（雄性翅）

第4名 金斑圆臀大蜓

大蜓多是体型巨大的蜻蜓，有些种类体长超过100mm，是巨型昆虫。金斑圆臀大蜓是中国体长最大的蜻蜓，雌性的体长可以超过115mm。比起大蜓科其他成员，金斑圆臀大蜓拥有更丰富的黄色斑纹，其雌性腹部大面积的金黄色可以容易与其他近似的大蜓区分。

第3名 赤基色蟌

这是全世界体型最大的色蟌，中国特有种。最突出的形态特征是雄性翅基方的红色斑，以及略不成比例的身材——胸部较大而头部相对较小。赤基色蟌栖息于山区的开阔溪流，喜欢停落在溪流的大岩石上晒太阳。赤基色蟌在中国还有一个近亲——霜基色蟌，翅基方具有霜白色斑。

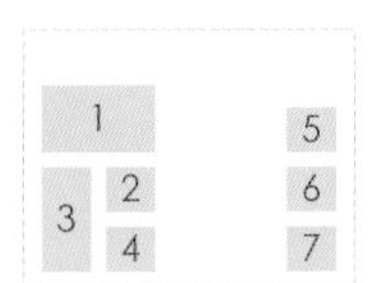

1-2. 金斑圆臀大蜓（雄）
3-4. 金斑圆臀大蜓（雌）
5. 赤基色蟌（雄）
6. 赤基色蟌（雌）
7. 霜基色蟌（雄）

第 2 名 丽拟丝蟌

海南的镇岛之宝，中国豆娘的旗帜。主要识别特征包括短而披金的后翅以及卓越的丛林舞蹈。

第 1 名 蝴蝶裂唇蜓

如前文所述，中国闻名于世的蜻蜓明星，地位显赫，蜻蜓中的熊猫。主要识别特征包括巨大的体型和翅上显著的黑色和白色斑。

1. 丽拟丝蟌（雄）
2. 丽拟丝蟌（雌）
3-4. 蝴蝶裂唇蜓（雄）
5-6. 蝴蝶裂唇蜓（雌）

绿色和红色，深深刻画的童年记忆

我童年的记忆，是一幅由红色和绿色点缀、蓝绿交织的山水画。

我的小学校园，就在江畔。喜欢蜻蜓的同学还真不少，也会时不时因为一两只稀罕的蜻蜓打架。在夏季，池塘被密密麻麻的芦苇覆盖，吸引了各种各样的蜻蜓。放学后，我和那群蜻蜓粉就经常偷偷溜到这里，去看池塘上游荡的“大绿豆”。直到我长大以后才知道它是一种很普通的蜻蜓——碧伟蜓，遍及祖国大江南北。如今儿时的伙伴都早已退出了蜻蜓粉的队伍，但我依然坚守一线，那是童年给我的恩赐。

伟蜓是80后一代绿色的回忆，是对昆虫世界充满了幻想的童年，也是我们今天最期待重现的画面。碧伟蜓是城市的常客，它们经常飞行在城市公园中，在荷花池，在湖畔溪边，都有它们的身影。随着对蜻蜓了解的深入，才知道伟蜓家族非常繁盛，除了碧伟蜓，还有更多明星大腕，它们用招牌的绿色点缀着春夏秋冬。在云南西部和南部，当雨季结束，温和的冬季到来，在北方已经被冰雪覆盖的时节，它们尽情地享受阳光，在水面上翩翩起舞，为冬季增添了难得的一抹嫩绿。

1 2 1-2. 斑伟蜓（雄）
3 4 3-4. 斑伟蜓（雌）

红色定制，秋日专属

我童年的回忆里，它们来了不久，就要披上重重的棉袄。等到霜降，还可以见到零星几只，挂在树枝上，却无法飞行。那是黑龙江的秋天。云南的气候温和，色彩斑斓的秋天，也少不了这些红色的小昆虫。

赤蜻属，红色的代表，用它们物种的丰富覆盖全国各地的秋天。赤蜻属在中国有40余种，你见过几个？它们作为蜻蜓家族最后呈现的色彩，将为一年的蜻蜓季画上圆满的句号。

你的秋天是否也被红蜻蜓点缀着？

1	2
3	4
5	6

1-2. 印度伟蜓（雄）
3-4. 东亚伟蜓（雄）
5-6. 东亚伟蜓（雌）

1. 姬赤蜻
2. 竖眉赤蜻多纹亚种
3. 竖眉赤蜻指名亚种
4. 小黄赤蜻
5. 黄基赤蜻微斑亚种
6. 条斑赤蜻喜马亚种
7. 旭光赤蜻
8. 李氏赤蜻

2、世界蜻蜓界“大腕”

虽然蜻蜓目在昆虫纲仅是一个很小的目，比起鳞翅目、鞘翅目等庞大家族，其物种多样性略显逊色，但蜻蜓却是昆虫中的林中之虎，是捕食者，它们对于维持淡水生态系统的健康起重要作用。蜻蜓目在热带和亚热带地区繁盛，较寒冷的地区种类较少，世界各大洲、各地区均有各自的代表类群，是时候到世界各地去搜寻这些宝藏了！

蜻蜓活化石

前文我们已经熟悉了蜻蜓和豆娘，并且了解了它们的区分特征。然而蜻蜓目已知的6000多种中，却不能完全归入这两大类。蜻蜓与豆娘之间，还有一类神奇的古老类群。它们是古代蜻蜓在现代唯一的后裔，地球上存活超过1亿2千万年，是蜻蜓中的活化石，我们称之为昔蜓。尽管分类地位有所争议，但昔蜓仍然被认为是独立的一个亚目——间翅亚目。

昔蜓拥有很多与众不同之处，显著形态特征包括：成虫后翅基方具翅柄，形如豆娘，臀脉和后翅边缘之间只有1或2列翅室；额顶具一个似屋檐形的头蓬，触角分成了5节，梗节长而阔，雌性第8节腹面末端中央具刺状突起等。它们的稚虫也非常特殊，触角5节，最神奇之处是可以通过足和腹部之间的摩擦发出声音。

然而目前我们对间翅亚目的了解非常有限，已知包括1科1属4个已知种：其中最常见的是日本昔蜓，分布于日本；喜马拉雅昔蜓， 分布于印度、尼泊尔和不丹地区的险峻山脉；中国已知2种，戴安娜昔蜓，分布于中国四川；中华昔蜓，分布于中国和朝鲜。除了日本昔蜓，其他种的成虫非常稀有，这是由于他们神秘的行为、特殊的栖息地和短暂的飞行期等方面的限制。中国已知的2种昔蜓：戴安娜昔蜓至今仅知稚虫的模式标本，成虫未知；而中华昔蜓身份一直存疑，国内仅有采集自黑龙江的模式标本记录。

总之昔蜓是蜻蜓中最古老最珍贵的类群，是宝贵的自然财富。我们急需更多的野外考察来搜索昔蜓的踪迹，破解其生活史之谜。

日本昔蜓头部（雄）

日本昔蜓（雄）

日本昔蜓（雌）

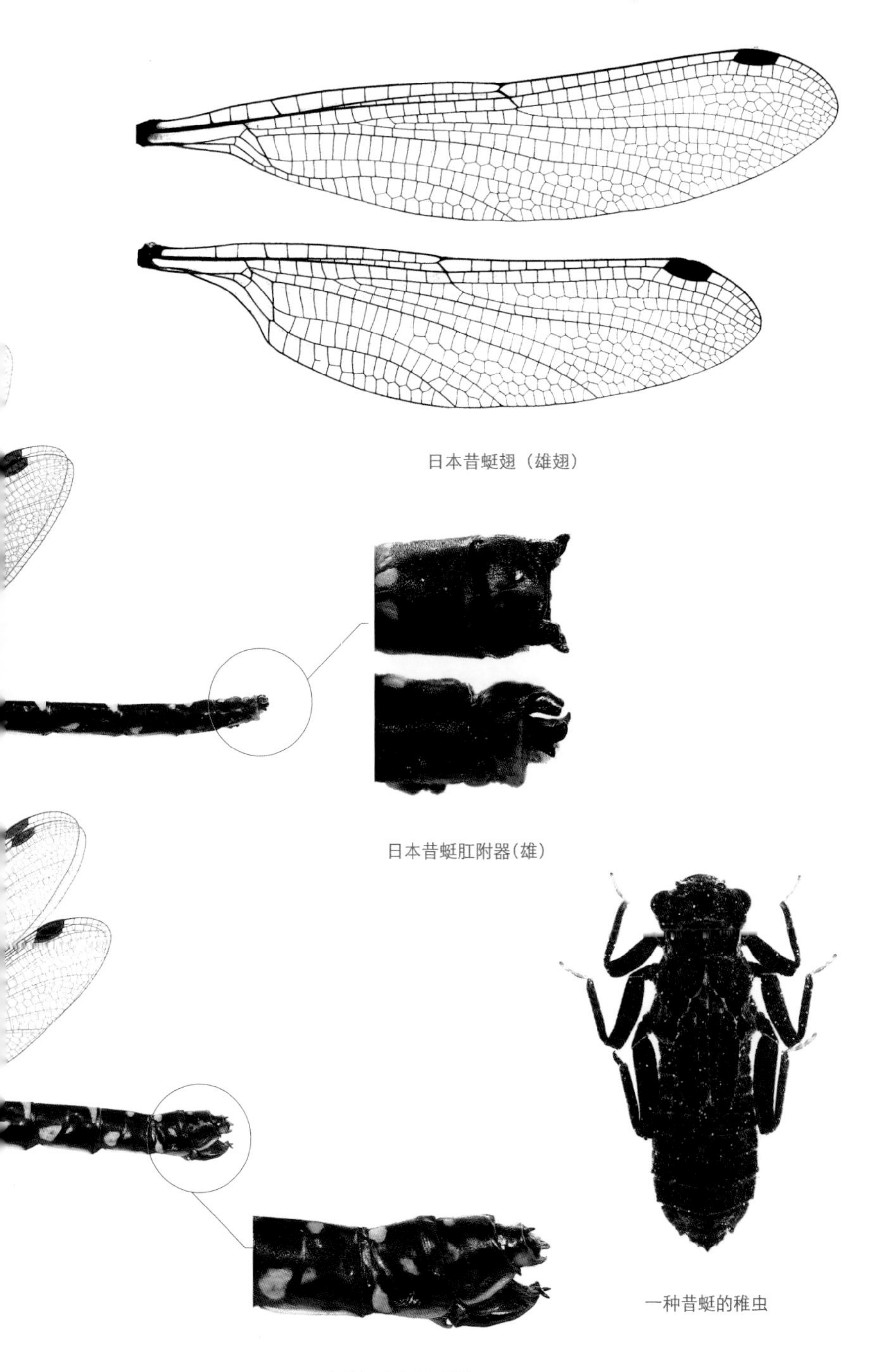

日本昔蜓翅（雄翅）

日本昔蜓肛附器(雄)

一种昔蜓的稚虫

日本昔蜓产卵器（雌）

云端之翼

作为大蜓总科最具魅力的家族，裂唇蜓可以说是最受青睐的一类大型蜻蜓。除了著名的蝴蝶裂唇蜓，裂唇蜓科还有很多亮眼的明星。它们躲在那些人迹罕至的深山老林，成为了这些大山中的镇山之宝。

裂唇蜓是极为挑剔的蜻蜓，对环境要求苛刻，它们是一类重要的环境指示生物。它们的栖息环境除了有清澈见底的溪流，还需要大面积的森林做庇护。裂唇蜓的稚虫对水质敏感，不能忍耐被污染的水域，而成虫需要比较广阔的生存空间，喜欢翱翔在峡谷高处，它们经常出没在山峰的顶端乘气流穿越山谷，并可以在翅不震动的情况下长距离滑行，在云层中穿梭，是非常卓越的飞行家。

裂唇蜓是亚洲蜻蜓中外形最具特色的古老类群。首先与其他古老的蜻蜓，如大蜓科、春蜓科相比，它们拥有更加艳丽的色彩，尤其翅上装扮的图案十分与众不同。其次裂唇蜓与近似的大蜓科相比，其物种多样性更高，是完美进化的类群，并能积极地适应新环境。裂唇蜓在形态上可分成两大类：一类拥有非常宽阔而色彩斑驳的翅，腹部相对较短；另一类是身体修长型，仿若大型蜻蜓中的豆娘，有些腹部极为细长，翅却窄而短，使身体看起来不成比例。

1 2
3 4
5 6

1-2. 金翼裂唇蜓（雄）
3-4. 金翼裂唇蜓（雌）
5-6. 戴维裂唇蜓（雄）

1-2. 戴维裂唇蜓（雌）
3-4. 黄翅裂唇蜓（雄）
5-6. 黄翅裂唇蜓（雌）
7-8. 褐基裂唇蜓（雄）
9-10. 褐基裂唇蜓（雌）
11-12. 斑翅裂唇蜓（雄）

1	2	5	6
3		7	8
4		9	10

1-2. 斑翅裂唇蜓（雌 - 斑翅型）
3-4. 斑翅裂唇蜓（雌 - 透翅型）
5-6. 长腹裂唇蜓（雄）
7-8. 长腹裂唇蜓（雌）
9-10. 铃木裂唇蜓（雄）

双角裂唇蜓（雄 - 越南）

双角裂唇蜓（雌 - 越南）

黑带裂唇蜓（雄 - 越南）

黑带裂唇蜓（雌 - 越南）

花斑裂唇蜓（雌 - 越南）

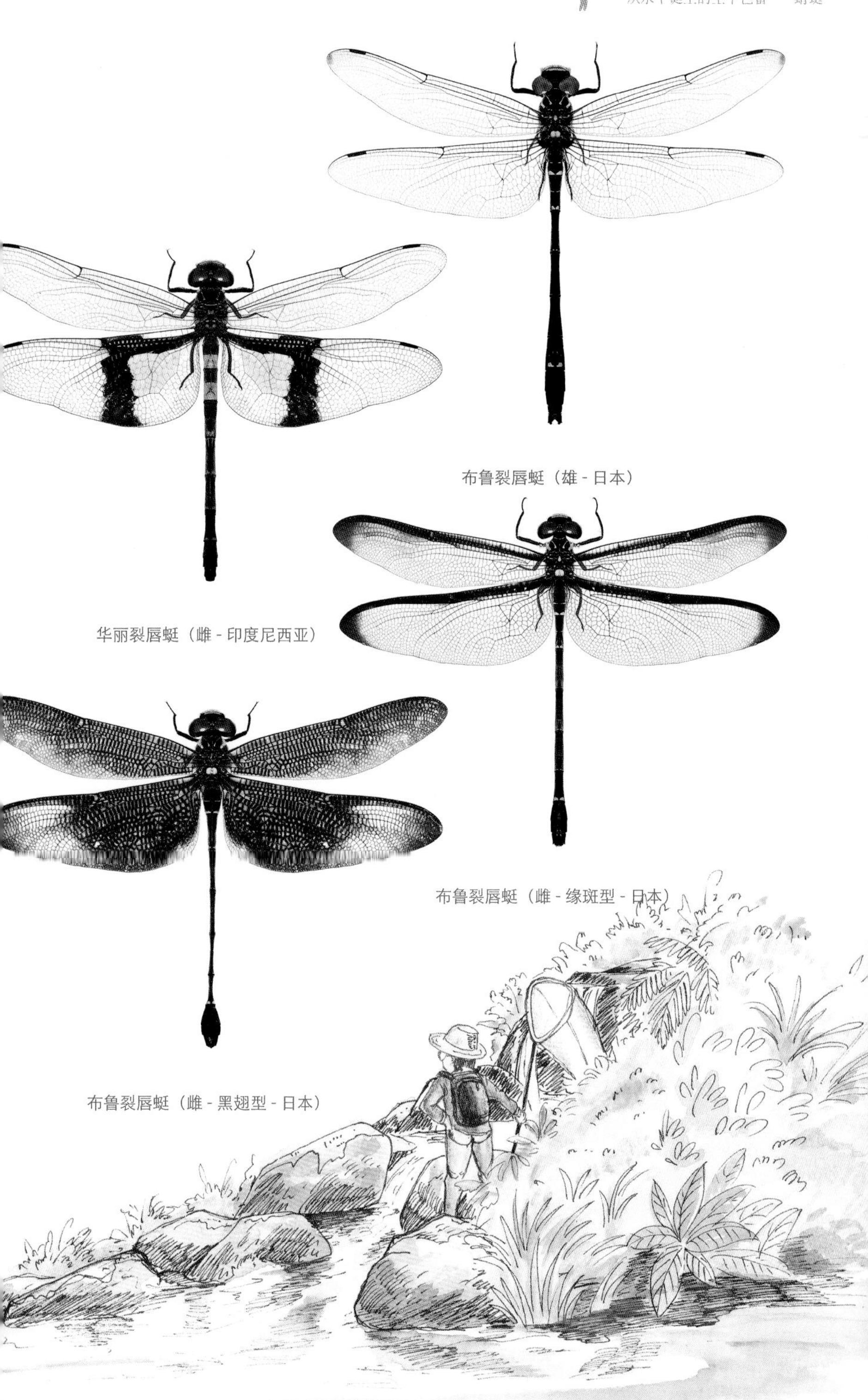

布鲁裂唇蜓（雄 - 日本）

华丽裂唇蜓（雌 - 印度尼西亚）

布鲁裂唇蜓（雌 - 缘斑型 - 日本）

布鲁裂唇蜓（雌 - 黑翅型 - 日本）

1	2
3	4

1-2. 长鼻裂唇蜓（雄）
3-4. 长鼻裂唇蜓（雌）

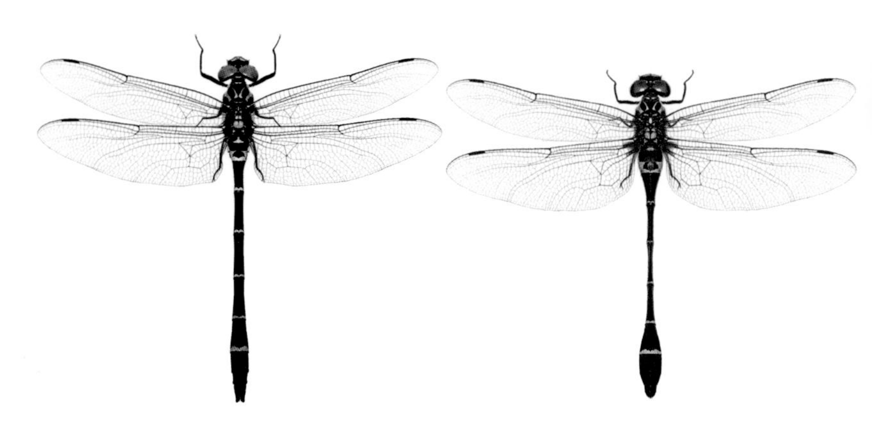

朴氏裂唇蜓（雄）　　朴氏裂唇蜓（雌）

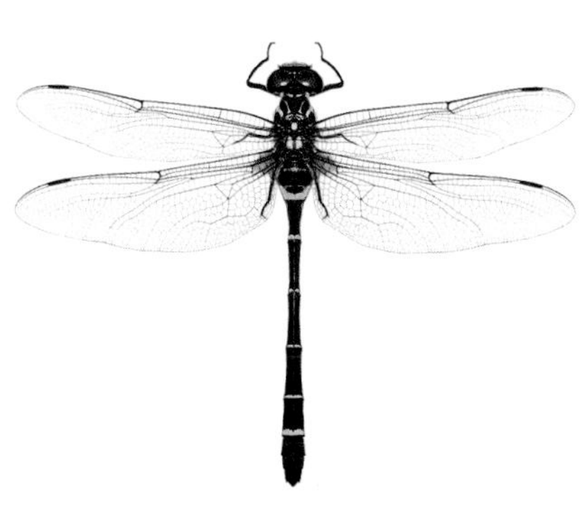

1-2. 老挝裂唇蜓（雄）
3-4. 老挝裂唇蜓（雌）

中越裂唇蜓（雄）

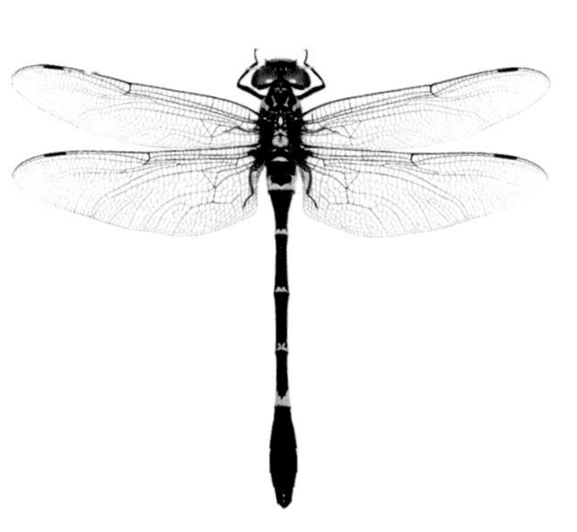

中越裂唇蜓（雌）

巨人家族

美洲丛林巨兽——直升机豆娘

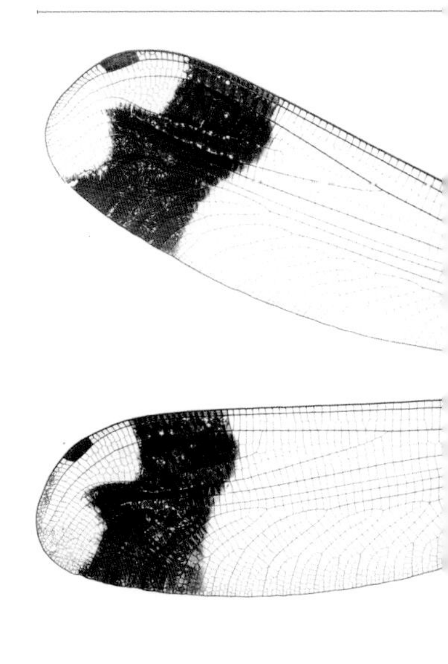

这一站我们需要走进南美洲的热带雨林，去寻找一种世界上最大的蜻蜓，美洲丛林巨兽，俗称直升机豆娘。当然它们并非容易遇见，首先要找到一类特殊的生境，树洞中的积水潭。直升机豆娘有多大？18cm！没错，就是这个尺寸。这类豆娘学名称为伪痣蟌。伪痣蟌之前一直作为独立的类群，伪痣蟌科，后来经分子系统的修正，伪痣蟌被放在蟌科的一个亚科，即伪痣蟌亚科，然而经典分类学者并不赞同，因此其真正的分类学位置仍需讨论。

虽然伪痣蟌体型巨大，但却是生活在这些小型的树洞里，由于栖息地的局限性，伪痣蟌并非常见类群。俗称直升机豆娘的是巨伪痣蟌属的阔翼巨伪痣蟌，翅展可以突破18cm，它们在雨林中捕食蛛网上的蜘蛛。

伪痣蟌的翅展和体长全都称霸蜻蜓目。阔翼巨伪痣蟌，雄性翅展182mm，体长114mm。修长端曲伪痣蟌，腹部极为细长；阔翼巨伪痣蟌，雄性的体长153mm，翅展126mm，后翅端缘扭曲。伪痣蟌是如何进化出的两个极端，无人知晓，但这是大自然在蜻蜓目中最神奇之作。

182mm 尺寸比例 1 : 1

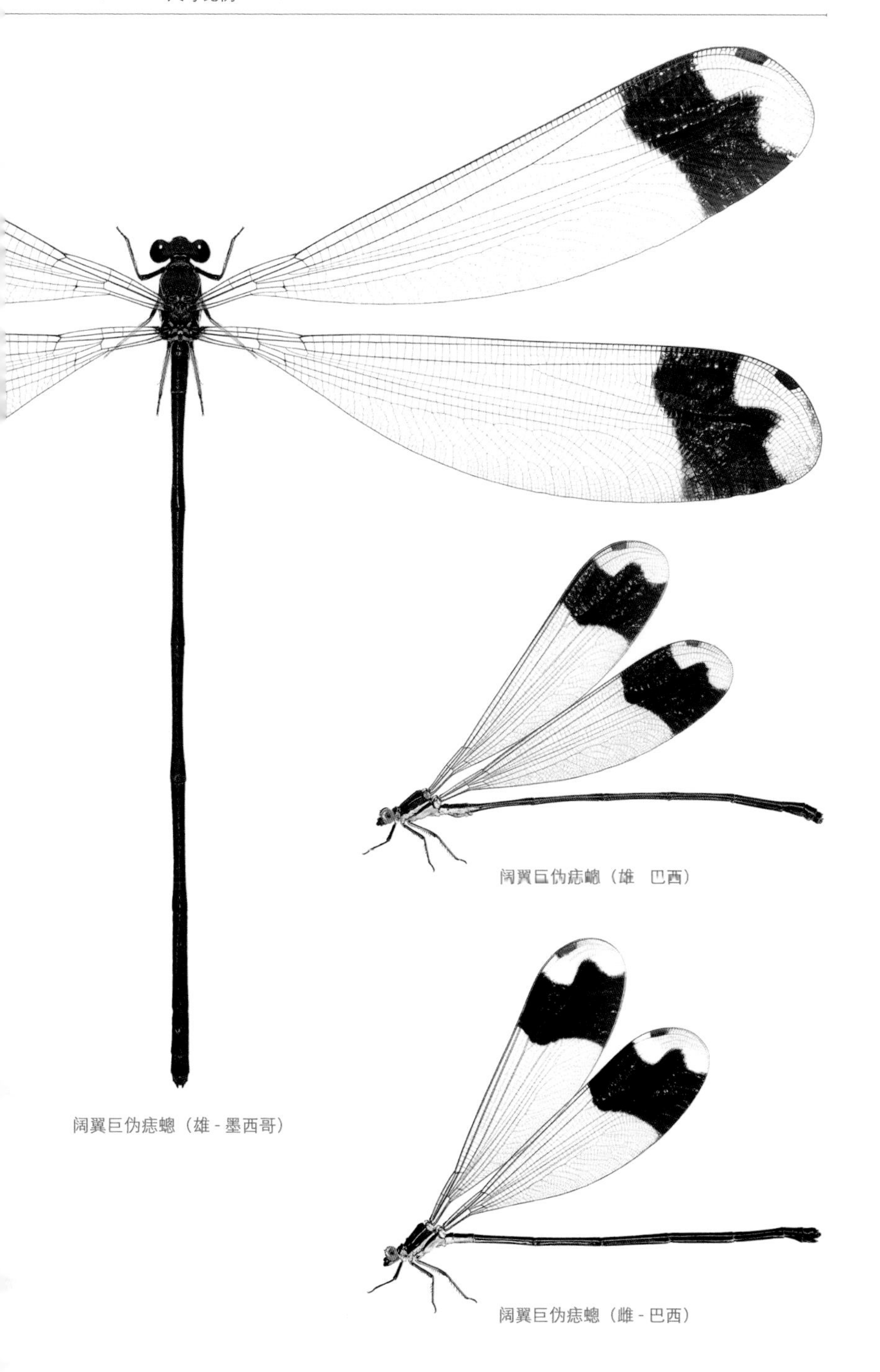

阔翼巨伪痣蟌（雄 - 墨西哥）

阔翼巨伪痣蟌（雄 巴西）

阔翼巨伪痣蟌（雌 - 巴西）

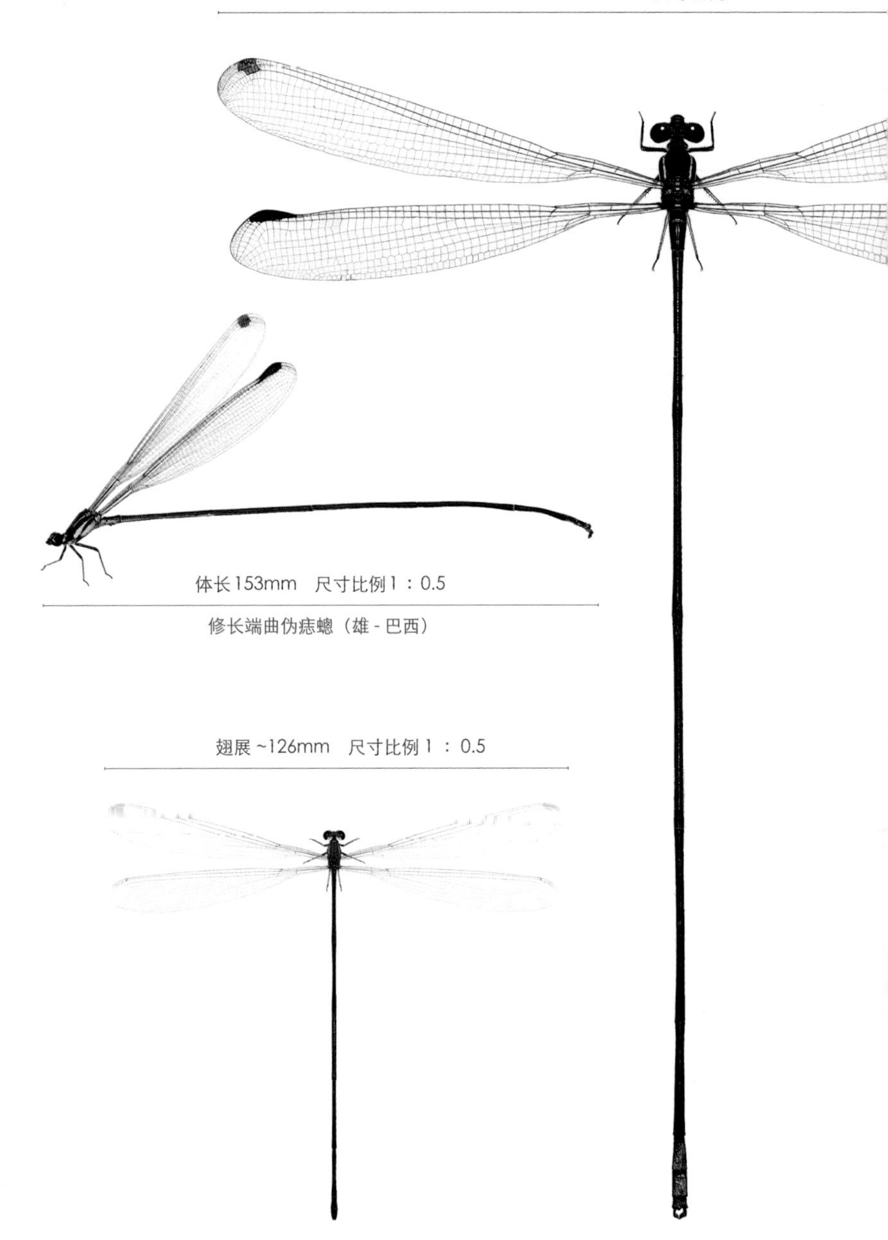

修长端曲伪痣蟌（雄 - 巴西）

修长端曲伪痣蟌（雌 - 秘鲁）

修长端曲伪痣蟌（雄 - 巴西）

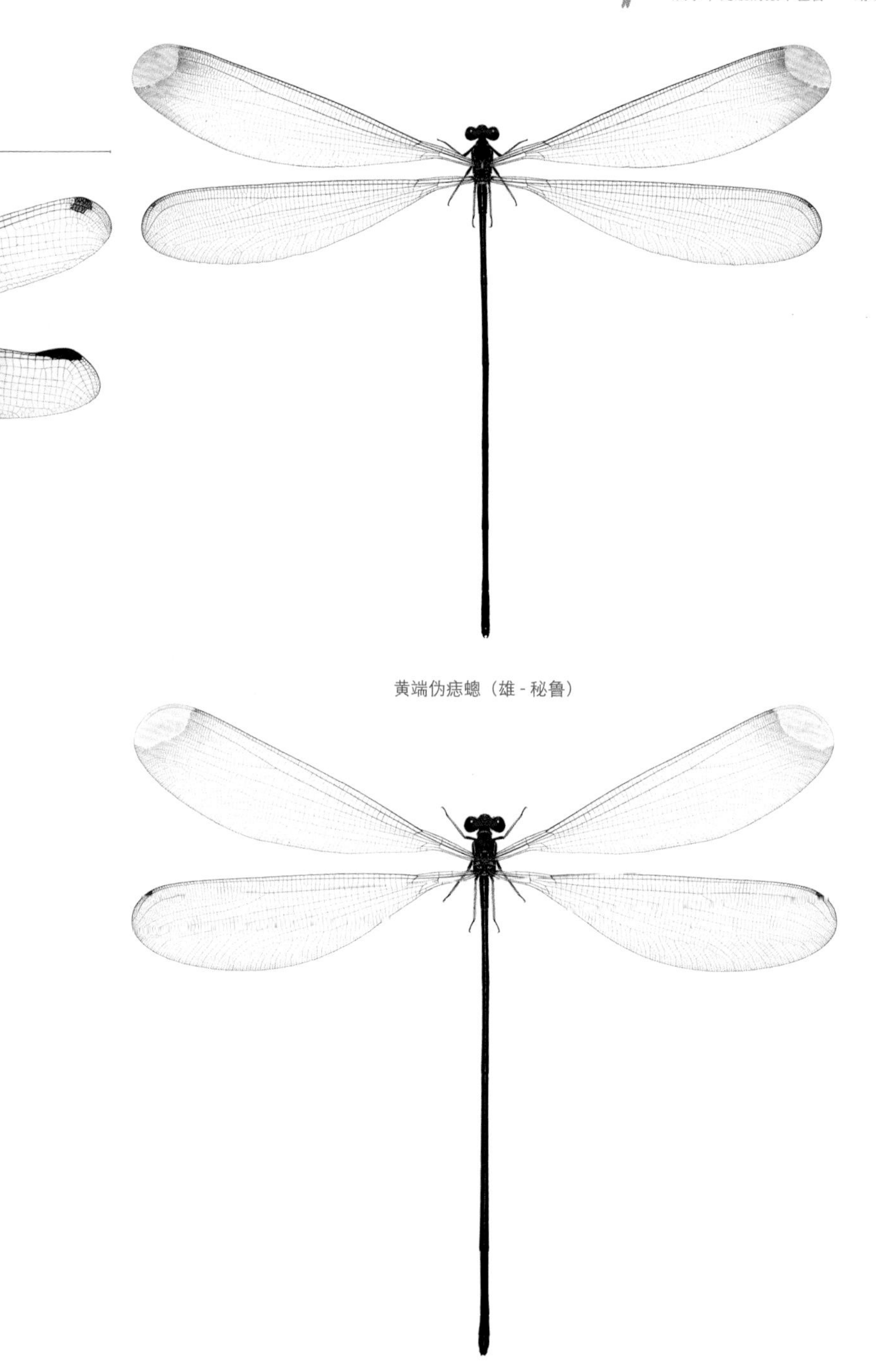

黄端伪痣蟌（雄 - 秘鲁）

黄端伪痣蟌（雌 - 秘鲁）

170mm 尺寸比例 1 ： 1

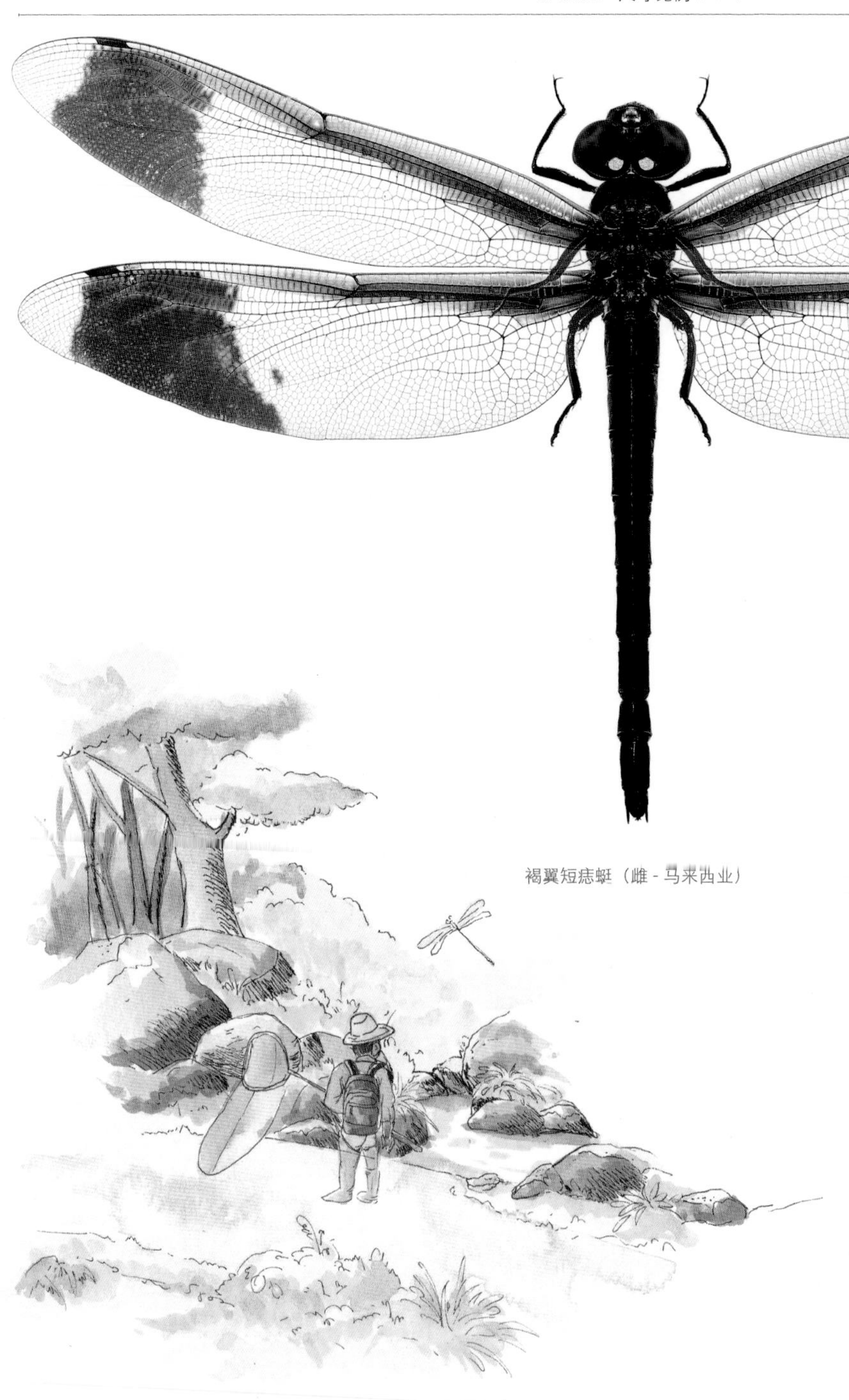

褐翼短痣蜓（雌 - 马来西业）

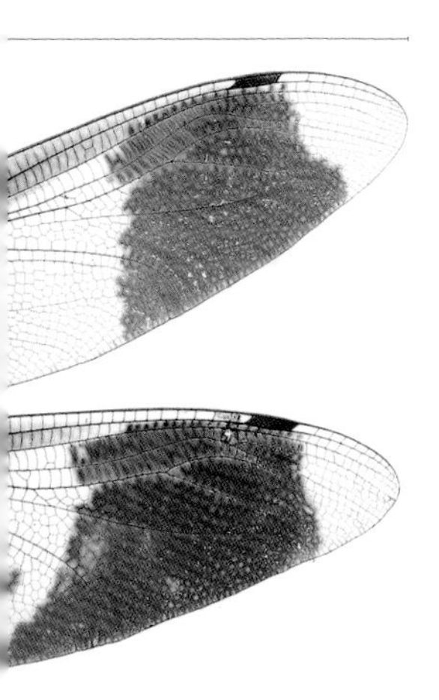

亚洲热带雨林巨人——短痣蜓

在亚洲的热带雨林，虽然没有伪痣蟌，但同样有巨兽出没。如前文所述的中国之最——金斑圆臀大蜓，是一类既粗壮又修长的大型蜻，它们比起伪痣蟌粗壮更多。大蜓主要生活在亚热带的茂盛森林，而在热带雨林唯一可以与大蜓并列的巨型蜻蜓就是短痣蜓。短痣蜓体型非常粗壮，翅展宽阔，也是世界之最。褐翼短痣蜓，翅展也可以超过17cm，是亚洲热带岛屿的神奇之物。中国没有褐翼短痣蜓，国内分布的沃氏短痣蜓也是十分巨大，雌性翅展超过14cm。

1-2. 沃氏短痣蜓（雄 - 中国广西）
3-4. 沃氏短痣蜓（雌 - 中国广西）

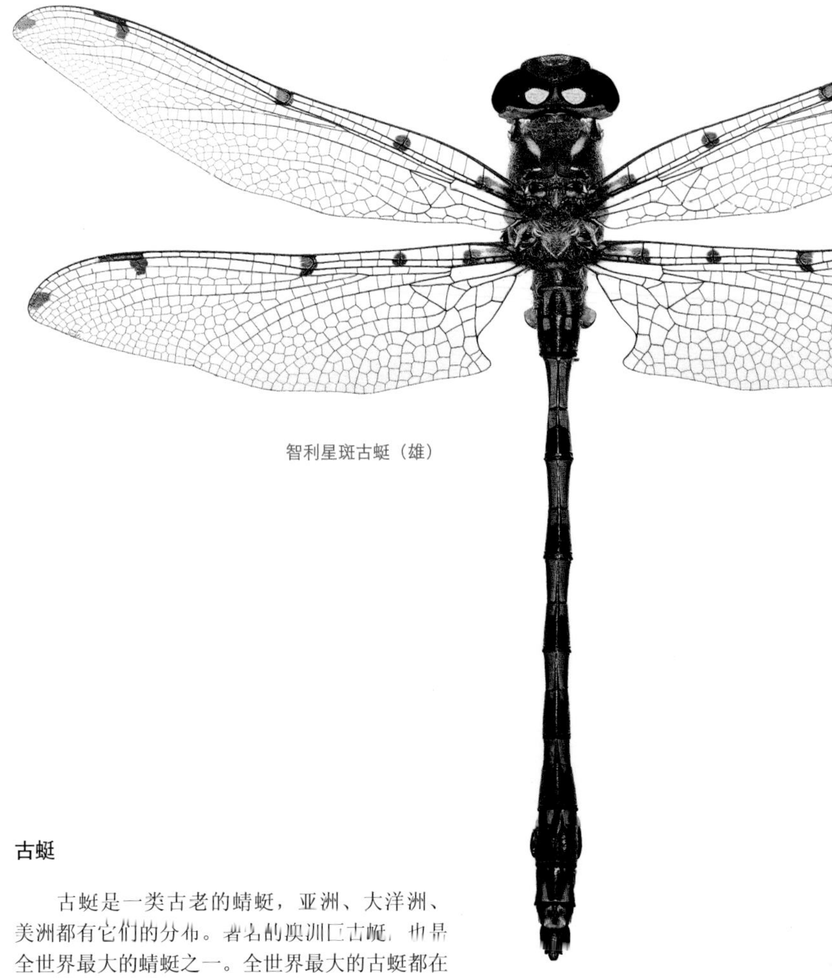

智利星斑古蜓（雄）

古蜓

古蜓是一类古老的蜻蜓，亚洲、大洋洲、美洲都有它们的分布。著名的澳洲巨古蜓，也是全世界最大的蜻蜓之一。全世界最大的古蜓都在大洋洲，亚洲和美洲的古蜓虽然体型不如澳洲古蜓，但形态显著。尤其是南美洲的古蜓，极具特色。

星斑古蜓和梅斑古蜓，它们翅前缘被独特的红褐色斑点缀。前者的斑点较小，但均匀的镶嵌在翅前缘，而后者的翅如同水墨画，渐隐的斑点被翅脉分隔开，仿若一朵朵盛开的梅花。梅斑古蜓仅在南美洲智利分布，而星斑古蜓在智利和大洋洲都各有代表，它们是现生蜻蜓中耀眼的古蜻蜓类群。同样在澳大利亚，澳洲巨古蜓和澳洲扇尾古蜓，虽然翅完全透明，但它们以其巨大的体型而闻名。澳洲巨古蜓的体长可以达到12cm，和中国的雌性圆臀大蜓相当。

智利星斑古蜓（雄）

智利星斑古蜓（雄翅）

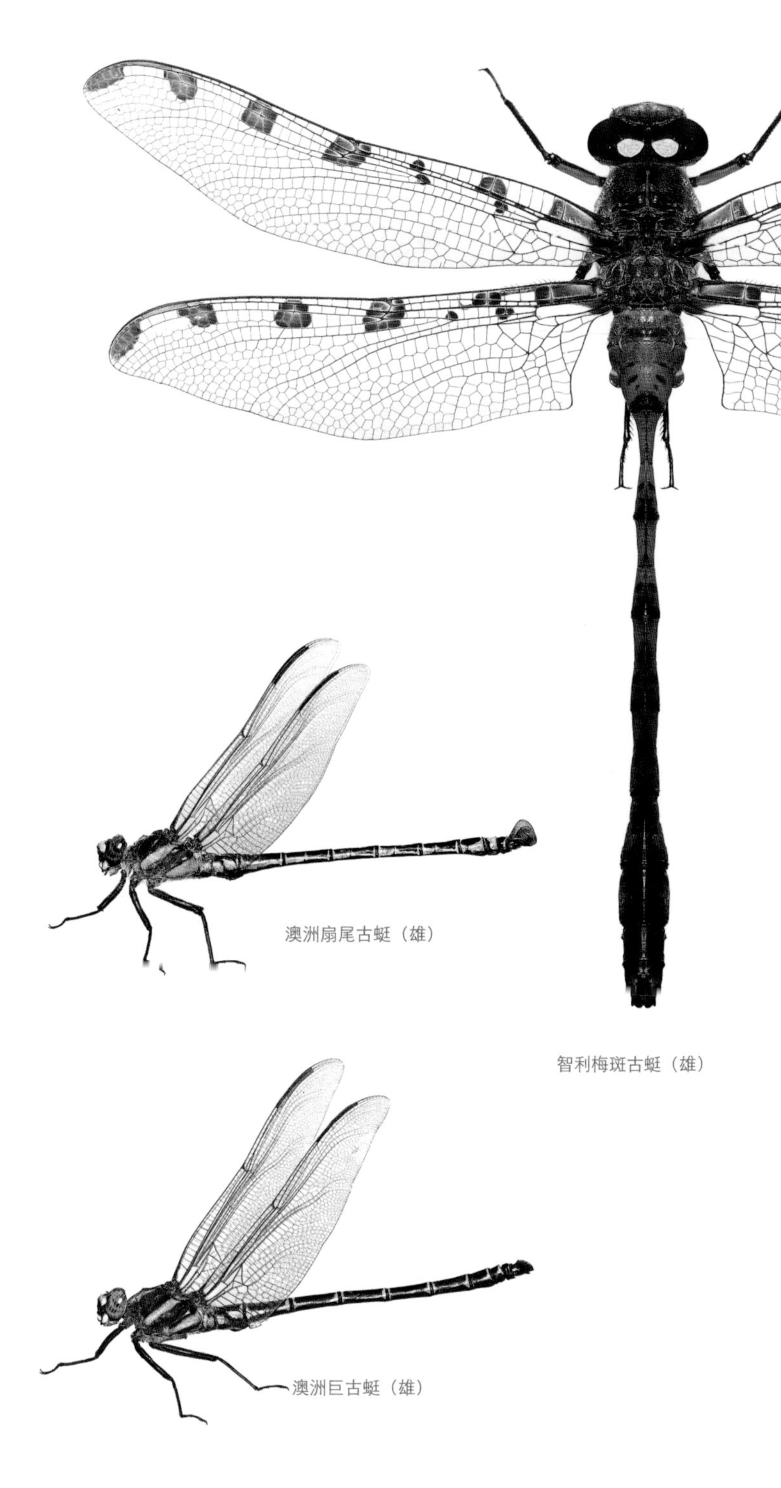

智利梅斑古蜓（雄）

澳洲扇尾古蜓（雄）

澳洲巨古蜓（雄）

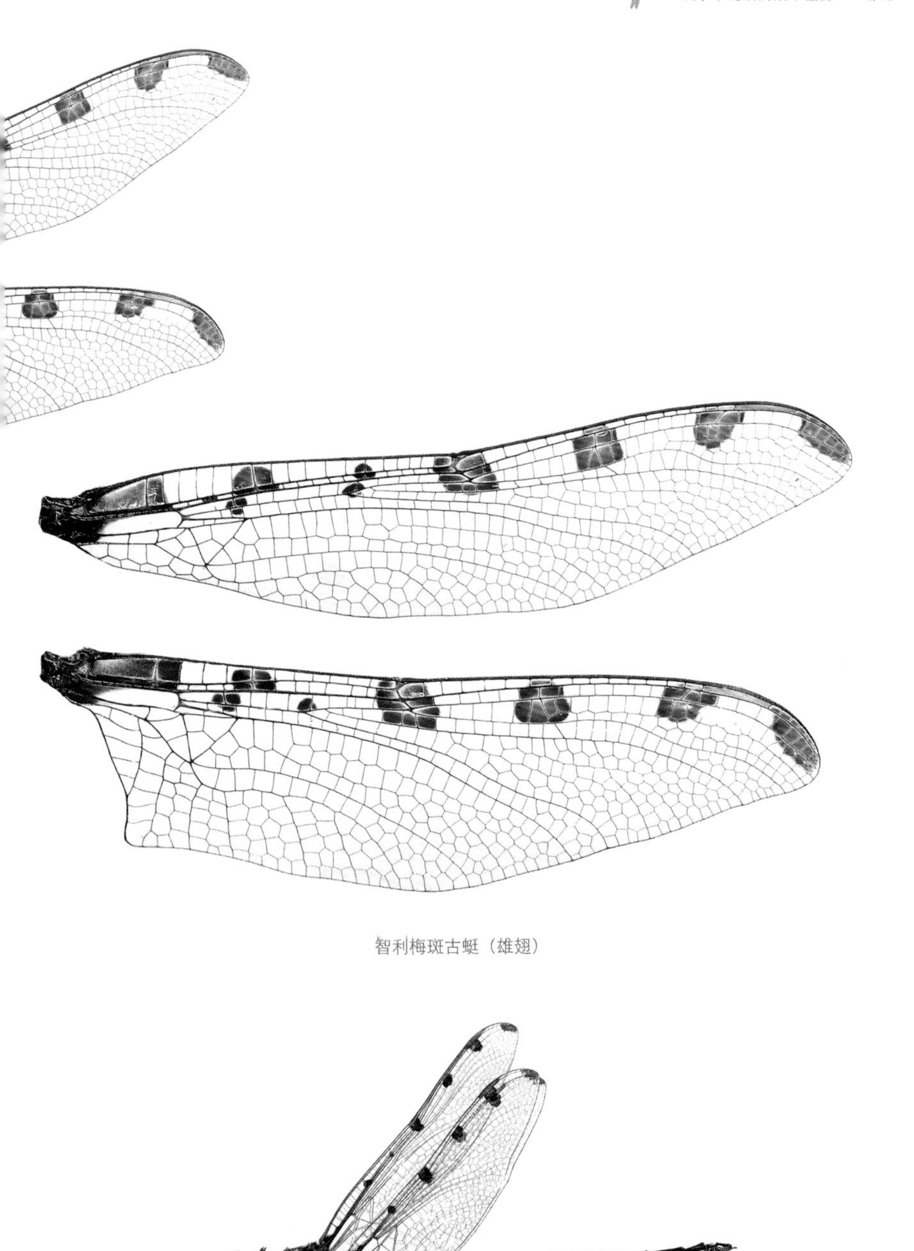

智利梅斑古蜓（雄翅）

澳洲星斑古蜓（雄）

翅上霓虹

蜻蜓常被称为会飞的宝石，因为它们身上自带发光发亮之处。有些是巨大的复眼，如同绿宝石，有些则是翅上的光泽，缤纷绚丽。这里必须介绍这个艳丽的豆娘家族——色蟌。

色蟌是一类体型颇大的豆娘，它们的身体通常具金属光泽，青铜色、蓝绿色为主。几乎所有的色蟌翅上都装扮得非常华丽。当然这其中最艳的就属艳色蟌属豆娘。这类豆娘主要分布于亚洲和大洋洲，在亚洲的热带岛屿种类较多，但通常都是各个岛屿的特有物种。艳色蟌雄性后翅被蓝色和绿色覆盖，这些色彩在阳光下发射出霓虹光泽，如同璀璨的宝石。把它们的翅脉放大后可以清晰看到每个翅室都发射出不同的色彩和光泽。艳色蟌也成为了这些热带岛屿的标志，每个岛屿都有独一无二的艳色蟌。与艳色蟌类似，一些其他的色蟌也拥有这样霓虹闪烁的翅，比如紫闪细色蟌。

1. 华艳色蟌（雄 - 云南）
2. 华艳色蟌（雌 - 云南）
3-5. 后翅展开的雄性华艳色蟌（云南）

华艳色蟌翅 - 雄翅脉

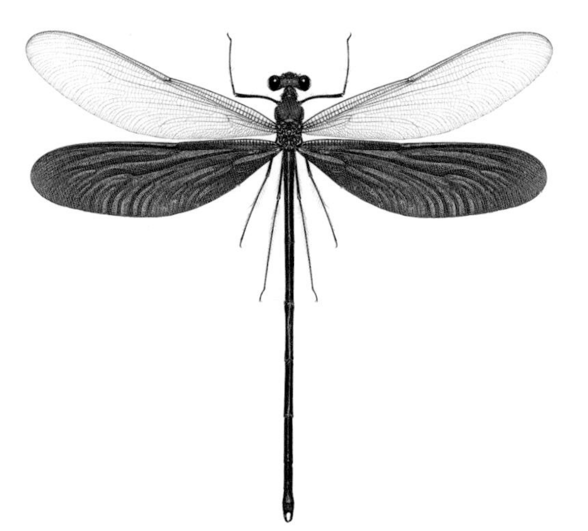

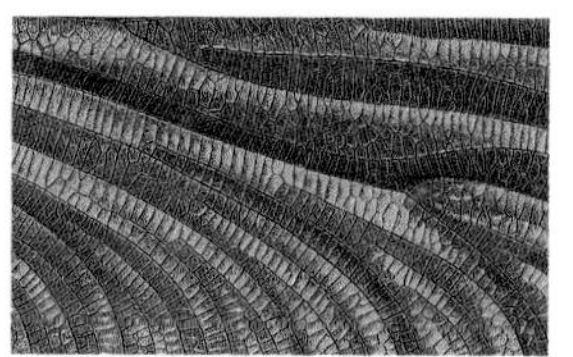

吕宋艳色蟌（雄翅脉）

吕宋艳色蟌（雄 - 菲律宾）

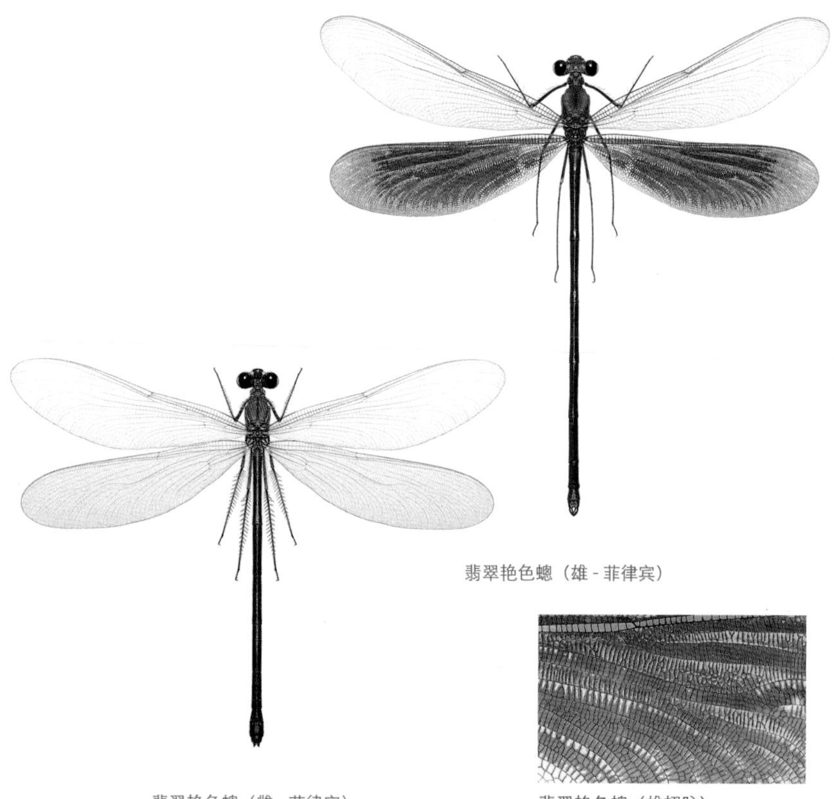

翡翠艳色蟌（雄 - 菲律宾）

翡翠艳色蟌（雌 - 菲律宾）

翡翠艳色蟌（雄翅脉）

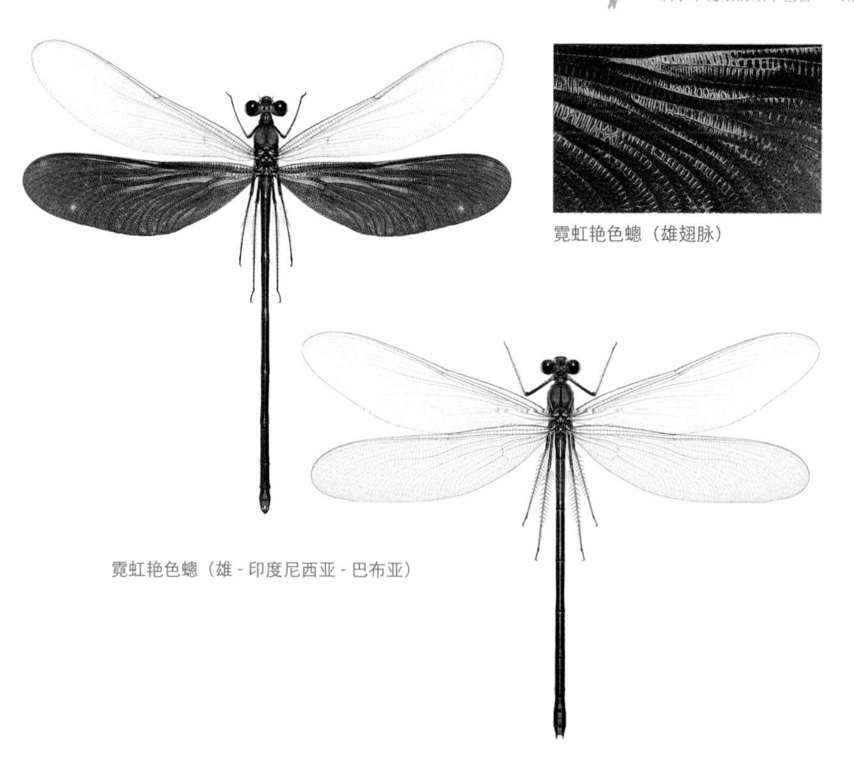

霓虹艳色蟌（雄翅脉）

霓虹艳色蟌（雄 - 印度尼西亚 - 巴布亚）

霓虹艳色蟌（雌 - 印度尼西亚 - 巴布亚）

紫闪细色蟌（雄 - 印度尼西亚）

紫闪细色蟌（雄翅脉）

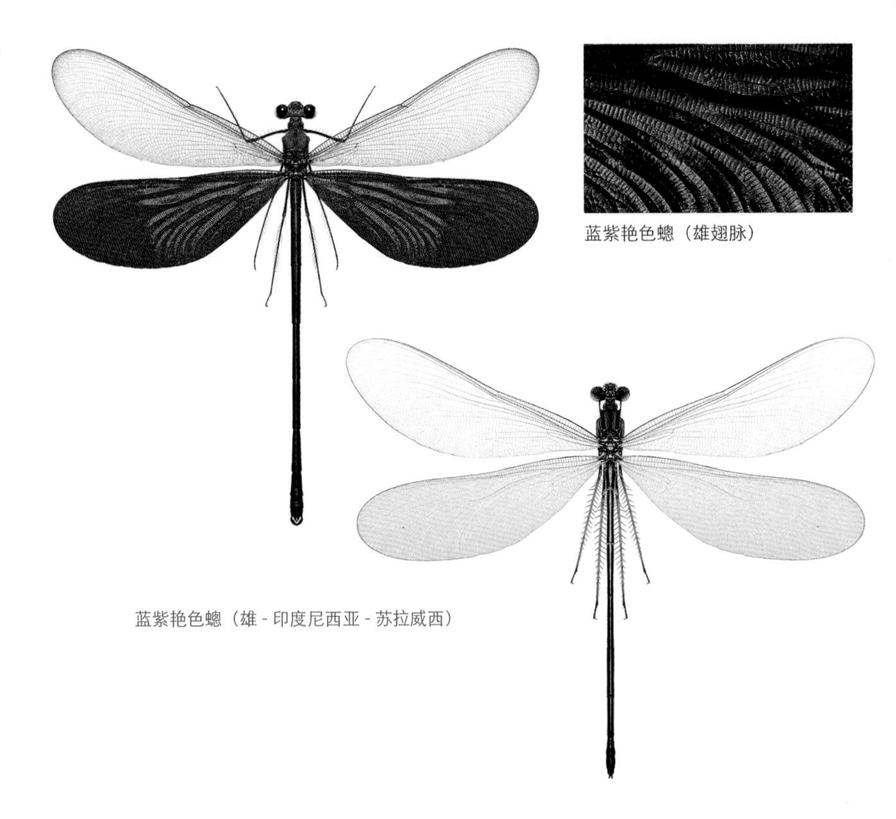

蓝紫艳色蟌（雄翅脉）

蓝紫艳色蟌（雄 - 印度尼西亚 - 苏拉威西）

蓝紫艳色蟌（雌 - 印度尼西亚 - 苏拉威西）

芭蕾女皇

最后介绍这个相貌怪异的家族——鼻蟌。蜻蜓爱好者称鼻蟌是最有灵性的昆虫。除了面部特殊，鼻蟌还有如色蟌绚丽的翅和特化的足。翅上色彩斑驳，很多种类翅上具有深色斑纹和透明的窗型斑，这些翅窗可以反射出绿色、蓝色、紫红色和青铜色等不同颜色的光泽；足常具有粉霜或膨大的胫节，用来求偶或者争斗。它们尤其喜欢打架斗舞，有时两只雄性可以在空中舞斗数小时。鼻蟌科豆娘全球已知20属150余种，主要分布于亚洲和非洲的热带地区，它们是溪流和河流的守望者、水上的芭蕾女王。

1
2
3

1-2. 红蓝叶足鼻蟌（雄 - 肯尼亚）
3. 黑白印鼻蟌（雄 - 云南）

1	2
3	4
5	6
7	

1. 蓝尾印鼻蟌（雄 - 云南）
2. 蓝尾印鼻蟌（雌 - 云南）
3. 彩虹鼻蟌（雄 - 印度尼西亚）
4. 彩虹鼻蟌（雌 - 印度尼西亚）
5. 黄侧鼻蟌（雄 - 云南）
6. 蓝脊圣鼻蟌（雄 - 海南）
7. 蓝脊圣鼻蟌（雌 - 海南）

1. 赵氏圣鼻蟌（雄 - 广西）
2. 赵氏圣鼻蟌（雌 - 广西）
3. 蓝纹圣鼻蟌（雄 - 云南）
4. 蓝纹圣鼻蟌（雌 - 云南）

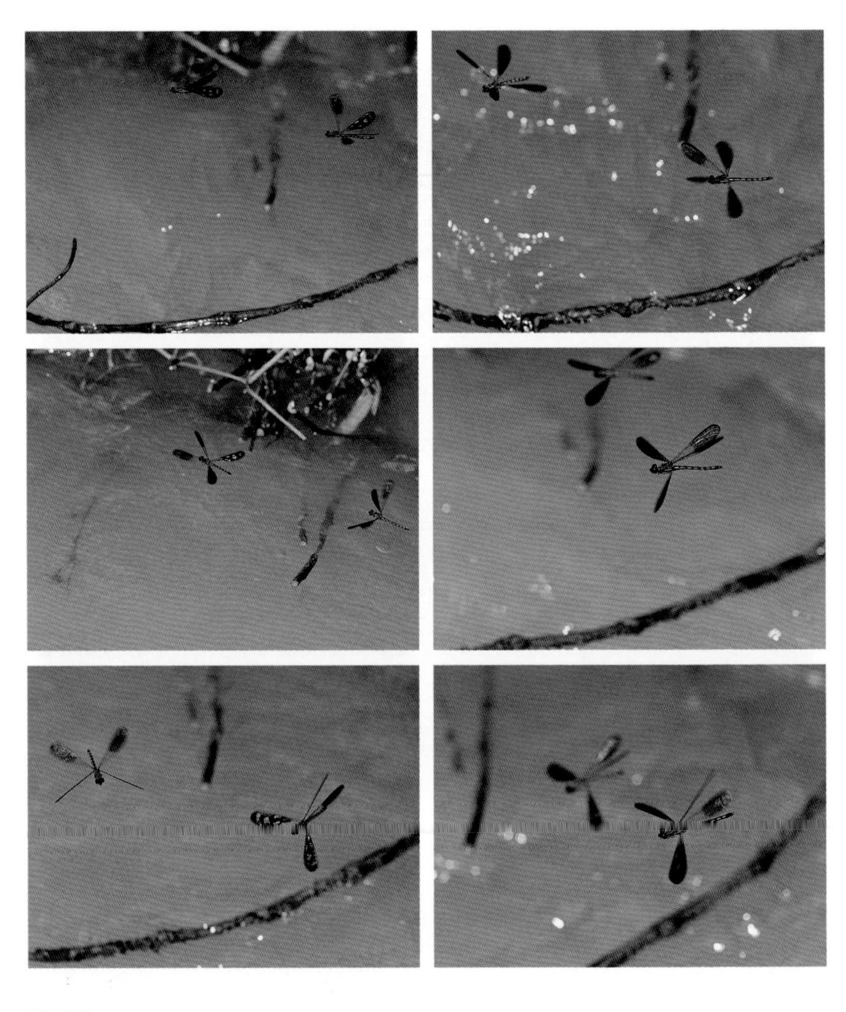

1 2
3 4
5 6 1-6.蓝纹圣鼻蟌（两雄飞行争斗）

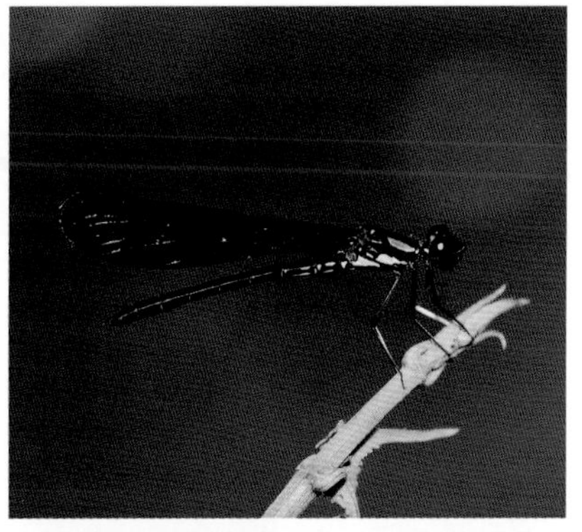

1	2
3	
4	5

1-2. 窗阳鼻蟌 （雄 - 印度尼西亚）
3. 窗阳鼻蟌 （雌 - 印度尼西亚）
4. 点斑隼蟌（雄 - 云南）
5. 点斑隼蟌（雌 - 云南）

1. 红隼蟌（雄 - 印度尼西亚）
2. 红隼蟌（雌 - 印度尼西亚）
3. 黄蓝隼蟌（雄 - 印度尼西亚）
4-5. 黄蓝隼蟌在护卫产卵（印度尼西亚）
6-7. 黑纹隼蟌（雄 - 印度尼西亚）
8. 黑纹隼蟌交尾（印度尼西亚）
9. 黑纹隼蟌在护卫产卵（印度尼西亚）

六　蜻蜓与人

中国人自古就把蜻蜓当作繁荣、和谐和美好的象征。早在几百年前蜻蜓就被中医入药并记入药典，中国人很早就开始认识蜻蜓并给予它们中文名字。蜻蜓曾入诗词，入画卷，受到文学大师和艺术家的称赞和青睐。唐代诗人韩偓题为《蜻蜓》的“碧玉眼睛云母翅，轻于粉蝶瘦于蜂。坐来迎拂波光久，岂是殷勤为蓼丛”，想必描述的是我们常见的碧伟蜓。宋代诗人杨万里最著名的那句“泉眼无声惜细流，树阴照水爱晴柔。小荷才露尖尖角，早有蜻蜓立上头”，不仅描述了蜻蜓立枝头的行为，还揭示了蜻蜓与水及植被的亲密关系。今日，蜻蜓和荷花的主题仍然被公众喜爱，也是人们游览公园时经常驻足观赏的生态画卷。

蜻蜓与人类活动关系密切。城市中的公园、湖泊、郊野的小溪，都很容易见到它们的身影。甚至在城市的街道、在晴朗的夏日，经常可见一群群在半空中滑翔的黄蜻。蜻蜓喜欢捕食小型飞虫，可以帮助我们消灭身边的小型蚊蝇，是城市中我们身边最得力的“昆虫助手”。蜻蜓在生物防治方面也发挥着积极的作用。水稻是最常见的作物，稻田

也是多种蜻蜓喜欢的栖息环境。包括黄蜻、红蜻、伟蜓、赤蜻、灰蜻、异痣蟌、黄蟌等多种蜻蜓都可以在水稻田繁殖。成虫羽化后也在田间活动，它们可以有效地控制水稻害虫。蜻蜓与非物质文化遗产也颇有渊源。至少一个蜻蜓类群和一种非物质文化遗产——土法造纸密切相关。土法造纸工艺已延续千年，其中一个步骤是用水泥池消化竹浆，这种沤池通常是方形，但很深。许多废弃的沤池便成为了多棘蜓非常理想的栖息环境。在贵州山区的很多山村，多棘蜓似乎仅能在这类环境下被发现，充分说明它们与人类的亲密关系。多棘蜓也喜爱灌溉用的水井。它们不仅大胆入井底繁殖，还频繁地出入农户家中，世代与人为伴，似乎是农户饲养的宠物，经常在人们的生活物品上嬉戏。

1
2

1. 停立在荷花上的蓝额疏脉蜻
2. 停立在荷花上的晓褐蜻

3
4

3-4. 城市空中滑翔的黄蜻
5. 稻田中产卵的黑纹伟蜓

5

1	2	5	6
3		7	8
		9	10
4		11	

1-2. 稻田里停落的红蜻
3. 稻田边停落的白尾灰蜻
4. 稻田里停落的竖眉赤蜻
5-7. 沤池里飞行产卵的红褐多棘蜓
8. 灌溉用水井，多棘蜓生境
9-10. 井里产卵的红褐多棘蜓
11. 在农户房前游荡的红褐多棘蜓

蜻蜓与人，是人和自然的一个缩影，既包括人类和昆虫之间的依赖、互助，也包括人类和自然环境的和谐、可持续发展。蜻蜓的宝贵之处，从科学的层面可以总结成以下方面：

宝贵的生物资源

蜻蜓目是昆虫纲的“林中之虎”，它们是一类重要的捕食性昆虫。蜻蜓的物种多样性在中国的优势非常显著，目前中国已经发现了接近1000种蜻蜓，堪称世界之最，是全球蜻蜓物种最丰富的国家。其中大量的特有和濒危物种，具有极高的保育价值。它们无疑是我国无脊椎动物中最宝贵的自然财富。

旗舰物种

蜻蜓素有“鸟友之虫”的美誉。这是由于其体型较大，体色艳丽，白天在固定的栖息环境活动，很多种类通过望远镜或者肉眼容易观察和识别，与鸟类的观察活动很相似。有趣的生活史和行为也给蜻蜓增添了几分魅力。蜻蜓的美学价值使其与人类文化密切交织，自古被欣赏，入诗词入画卷。作为一类重要的观赏性昆虫，蜻蜓也慢慢成为了自然观察活动的主角，一些发达国家更是有一年一度的蜻蜓节。观鸟群体和其他自然观察者的加入，促进了蜻蜓美学价值的提升和自然观察活动的开展。蜻蜓的自然之美将继续被专业人员和业余爱好者所关注，并唤醒更多爱好者对自然百科的兴趣。

重要的环境指示生物

蜻蜓是淡水生态系统的构成要素。由于蜻蜓幼年生活于各类淡水水域，它们的生长受水质、水流速和水生植被等条件影响；成虫在羽化地点附近生活，很多种类终生不离开其生长的水域，其各项生命活动亦受周边植被状况影响。它们的生存不仅标志着水环境的健康状况，更可以反映森林的植被质量，因此蜻蜓目昆虫是重要的环境质量指示生物。许多敏感物种，对水体和植被的指标要求较高，可以准确评价各种干扰带来的环境问题。

七 蜻蜓标本的制作

标本制作

蜻蜓标本的制作是一项非常复杂的工艺。由于多数种类鲜艳的体色都是活体细胞产生的化学色，因此保存色彩需要一系列的复杂程序。蜻蜓标本的保存，需要借助一种化学试剂——丙酮。到目前为止，丙酮分析纯试剂是唯一可以有效保存蜻蜓色彩的化学试剂，一些含有丙酮成分的解胶剂可以作为替代品，但有时效果不理想。

标本的制作需要经过保色（浸泡）、风干、整姿等关键步骤，因此获得一只理想的蜻蜓标本并非易事。采集之前，首先需要准备好制作标本的工具。

制作工具（必需）

1. 密封塑料盒若干。建议准备一些底面积较大，高度较低的扁形密封盒，有助于平铺和展翅标本。可选择质量较好的塑料保鲜盒。盒子必须密封性好。

2. 制作的主要工具包括镊子、美工刀、细线、剪刀。

3. 因丙酮有毒，请准备防毒面具。

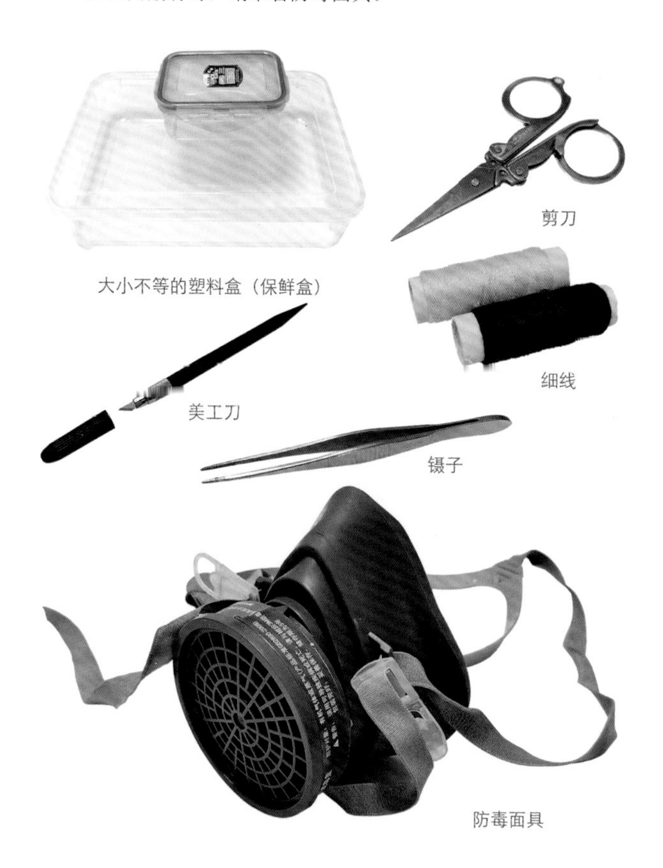

大小不等的塑料盒（保鲜盒）

剪刀

细线

美工刀

镊子

防毒面具

方法一：丙酮法

原理：利用丙酮将蜻蜓身体的油脂和水分脱出，再进行风干。

步骤一：保色＋整姿

1. 打开盒盖，倒入丙酮，液体深度不易过高，应在2cm以下。

2. 用镊子夹住蜻蜓放入盒中，其中丙酮的高度应该刚好淹没标本，如丙酮不够可添加。

3. 刚放入丙酮的蜻蜓，腹部弯曲，足的姿态也比较乱，可以先把腹部拉直，然后盖上盒盖；对于大型蜻蜓，可以用美工刀，在合胸的翅腋处切口，腹部较粗壮或者雌性标本，可沿腹部腹方侧板和腹板的连接处切口。切口的目的有助于丙酮快速进入与挥发，最重要的作用是风干时不会因丙酮的挥发使身体干瘪、变形。

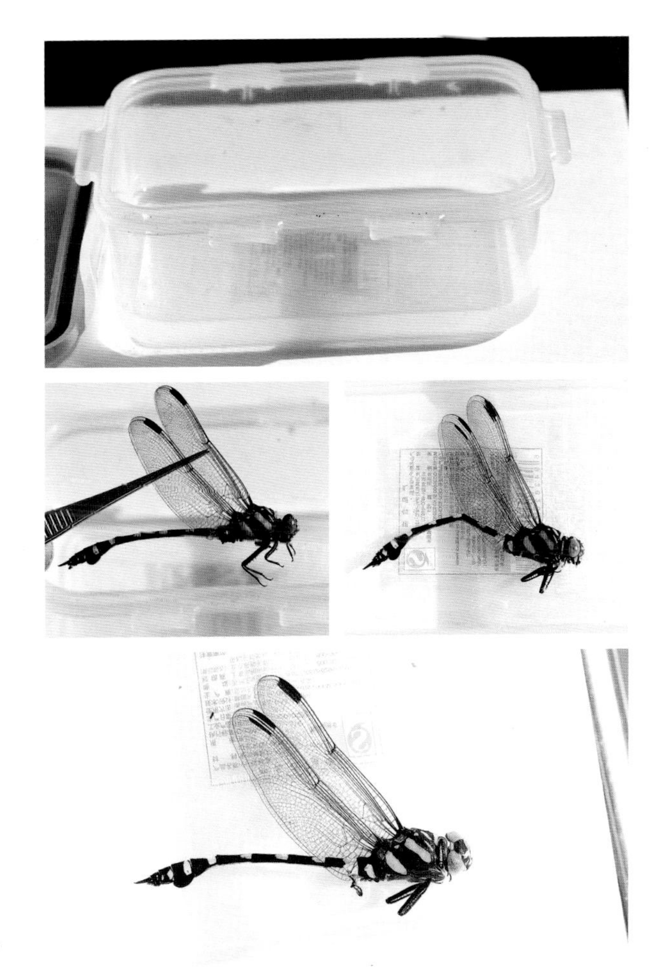

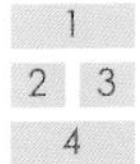

1. 丙酮倒入塑料盒
2-4. 标本放入丙酮中将腹部拉直

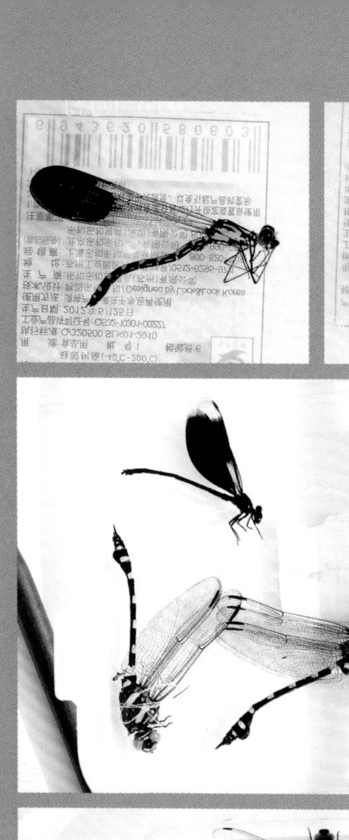

1 2
3
4
5

1-3. 标本放入丙酮中，整姿
4-5. 展翅标本平铺于盒底，不重叠

4. 小型豆娘在10分钟内，可以取出整理足的姿态；大型蜻蜓可以在半小时至1小时的时间内整理足的姿态。足可以调整成蜷缩或者伸展，可以通过线捆绑来固定；展翅标本可以直接以展翅的形式浸泡在丙酮中。

5. 浸泡半小时，整姿结束后，继续倒入更多量的丙酮，以保证标本可以浸泡充分。

6. 小型豆娘可以在丙酮中浸泡4～8小时，大型蜻蜓浸泡8～24小时；具体浸泡时间由色彩和种类决定。

步骤二：风干＋整姿

标本浸泡至计划的时间后，取出风干。先把标本移入新丙酮中清洗数分钟，然后取出用纸巾吸干，放入通风处晾干。大概风干10分钟后，可以微调姿态，比如调整足和翅的位置，这期间可摆放在桌面上晾干1小时，然后放入纸包中继续风干，大概3日后可以完全风干并放入封口袋或者标本盒永久保存。

1
2

1. 蜻蜓胸部腹面和腹部切口位置图示
2. 蜻蜓胸部翅腋切口位置图示

步骤三：展翅板展翅

展翅标本在风干过程中，翅容易发生褶皱、卷曲。可选用展翅版或者硬度较好的泡沫板将翅压平整。标本应腹面朝上，用较软的玻璃纸、塑料袋将翅包裹，然后用标本针固定在展翅版上。大概固定一个月后取下，可摆放在标本盒中展示。

1. 风干标本
2. 标本放入纸包中继续风干
3. 展翅版展翅中的标本
4. 展翅好的标本装入标本盒保存

二次浸泡

对于许多大型蜻蜓，尤其是雌性，一次浸泡不能完全去除油脂，因此可以采用第二次浸泡。可以在全新的丙酮中浸泡2～8小时。

注意事项：

1. 标本制作应在通风条件好的环境下操作，如实验室的通风厨下进行。

2. 丙酮见光分解，浸泡中的标本盒不能遇强光照射，应放在暗处。

3. 丙酮不是万能，很多绿色的伟蜓不适宜用丙酮浸泡，另外蜻蜓复眼的色彩在丙酮中无法保存。

4. 保存过程中应及时更换驱虫剂，可选用樱花牌防霉片剂。

防霉片剂

以下列举部分蜻蜓种类浸泡丙酮的时间

种　　名	首次浸泡（小时）	如需二次浸泡（小时）	切口处
蝴蝶裂唇蜓 *Chlorogomphus papilio*	24	8	翅腋
金斑圆臀大蜓 *Anotogaster klossi*	24	8	翅腋 腹部腹面
斑伟蜓 *Anax guttatus*	0.5		翅腋
大团扇春蜓 *Sinictinogomphus clavatus*	24		翅腋
马奇异春蜓 *Anisogomphus maacki*	8～24		翅腋
赤基色蟌 *Archineura incarnata*	8～24		翅腋
三斑阳鼻蟌 *Heliocypha perforata*	8		
褐斑异痣蟌 *Ischnura senegalensis*	8～24		

方法二：干制法

在无法获得丙酮的情况下，可以用干制法。主要步骤是先将内脏去除，可以从腹部末端将胃肠抽出，然后整姿。可以在展翅版上操作，直接风干；也可以如丙酮处理的方式整姿，然后放入装有硅胶干燥剂的密封盒，两天后取出即得到干标本。

干制的标本后续仍可以通过丙酮浸泡的方式提色。

1
2

1-2. 标本展示

八　户外常见蜻蜓

中国常见的蜻蜓类群

城市居民，如果不留意观察，或许压根见不到蜻蜓。然而就在我们身边，只要有水，几乎都可以见到一些适应力强的蜻蜓。比如城市公园的池塘、湖泊，都是一些常见种的栖息场所。我国从北到南，气候类型极为多样，但以下的这些蜻蜓成员，似乎不受气候制约，它们广泛地分布于我国各地，为城市披上了水上霓虹。

城市中的大型蜻蜓主要有碧伟蜓、闪蓝丽大伪蜻、大团扇春蜓、霸王叶春蜓等；中型蜻蜓主要是蜻科的成员，比较熟知的黄蜻、红蜻，喜欢荷花池的蓝额疏脉蜻、黄翅蜻，各种各样的灰蜻，如紫红色的晓褐蜻等，秋天涌现的赤蜻（通常是红色，俗名“红辣椒”）；而最常见的小型蜻蜓就是那些细小的豆娘，蓝色的比较常见，通常是尾蟌和异痣蟌等。

束翅亚目 Zygoptera / 色蟌科 Family Calopterygidae

赤基色蟌 *Archineura incarnata* (Karsch, 1892)

【长度】体长 75 ～ 85 mm，腹长 61 ～ 67 mm，后翅 45 ～ 52 mm。

【飞行期】1 2 3 4 5 6 7 8 9 10 11 12 月

1 2

1. 雄 2. 雌

黑暗色蟌 *Atrocalopteryx atrata* (Selys, 1853)

【长度】体长 47 ～ 58 mm，腹长 38 ～ 48 mm，后翅 31 ～ 38 mm。

【飞行期】1 2 3 4 5 6 7 8 9 10 11 12 月

3 4

3. 雄 4. 雌

透顶单脉色蟌 *Matrona basilaris* Selys, 1853

【长度】体长 63 ～ 70 mm，腹长 51 ～ 57 mm，后翅 38 ～ 48 mm。

【飞行期】1 2 3 4 5 6 7 8 9 10 11 12 月

5 6

5. 雄 6. 雌

烟翅绿色蟌 *Mnais mneme* Ris, 1916

【长度】体长 48 ～ 57 mm，腹长 41 ～ 46 mm，后翅 28 ～ 35 mm。

【飞行期】

1	2	3	4	5	6	7	8	9	10	11	12	月

1. 雄（橙翅型）
2. 雄（透翅型）
3. 雌

黄翅绿色蟌 *Mnais tenuis* Oguma, 1913

【长度】体长 42 ～ 50 mm，腹长 33 ～ 42 mm，后翅 27 ～ 31 mm。

【飞行期】1 2 3 4 5 6 7 8 9 10 11 12 月

1
2
3

1. 雄（橙翅型）
2. 雄（透翅型）
3. 交尾

华艳色蟌 *Neurobasis chinensis* (Linnaeus, 1758)

【长度】体长 56 ～ 60 mm，腹长 45 ～ 48 mm，后翅 32 ～ 35 mm。

【飞行期】1 2 3 4 5 6 7 8 9 10 11 12 月

1 2
3

1. 雄 2. 雄
3. 雌

束翅亚目 Zygoptera / **鼻蟌科** Family Chlorocyphidae

黄脊圣鼻蟌 *Aristocypha fenestrella* (Rambur, 1842)

【长度】体长 29 ～ 34 mm，腹长 20 ～ 23 mm，后翅 23 ～ 33 mm。

【飞行期】1 2 3 4 5 6 7 8 9 10 11 12 月

4 5

4. 雄 5. 雌

赵氏圣鼻蟌 *Aristocypha chaoi* (Wilson, 2004)

【长度】体长 28 ～ 30 mm，腹长 18 ～ 20 mm，后翅 23 ～ 25 mm。

【飞行期】1 2 3 4 5 6 7 8 9 10 11 12 月

1 2

1. 雄 2. 雌

三斑阳鼻蟌 *Heliocypha perforata* (Percheron, 1835)

【长度】体长 28 ～ 31mm，腹长 17 ～ 20 mm，后翅 23 ～ 24 mm。

【飞行期】1 2 3 4 5 6 7 8 9 10 11 12 月

3 4

3. 雄 4. 雌

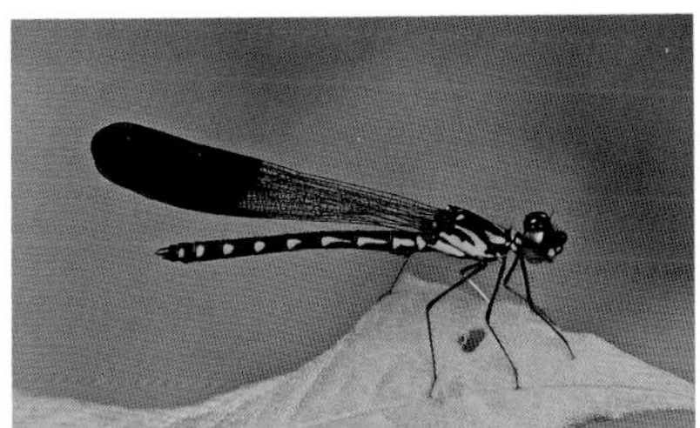

月斑阳鼻蟌 *Heliocypha biforata* (Selys, 1859)

【长度】体长 25 ～ 29 mm，腹长 17 ～ 20 mm，后翅 19 ～ 23 mm。

【飞行期】1 2 3 4 5 6 7 8 9 10 11 12 月

5 6

5. 雄 6. 雌

点斑隼蟌 *Libellago lineata* (Burmeister, 1839)

【长度】体长 20 ～ 23 mm，腹长 13 ～ 15 mm，后翅 19 ～ 22 mm。

【飞行期】1 2 3 4 5 6 7 8 9 10 11 12 月

1. 雄 2. 雌

线纹鼻蟌 *Rhinocypha drusilla* Needham, 1930

【长度】体长 35 ～ 38 mm，腹长 24 ～ 25 mm，后翅 25 ～ 28 mm。

【飞行期】1 2 3 4 5 6 7 8 9 10 11 12 月

3. 雄 4. 雌

束翅亚目 Zygoptera / 溪蟌科 Family Euphaeidae

庆元异翅溪蟌 *Anisopleura qingyuanensis* Zhou, 1982

【长度】体长 41 ～ 47 mm，腹长 30 ～ 36 mm，后翅 29 ～ 30 mm。

【飞行期】1 2 3 4 5 6 7 8 9 10 11 12 月

5. 雄 6. 雌

二齿尾溪蟌 *Bayadera bidentata* Needham, 1930

【长度】体长 41 ～ 53 mm，腹长 30 ～ 40 mm，后翅 28 ～ 31 mm。

【飞行期】1 2 3 4 5 6 7 8 9 10 11 12 月

1 2

1. 雄 2. 雌

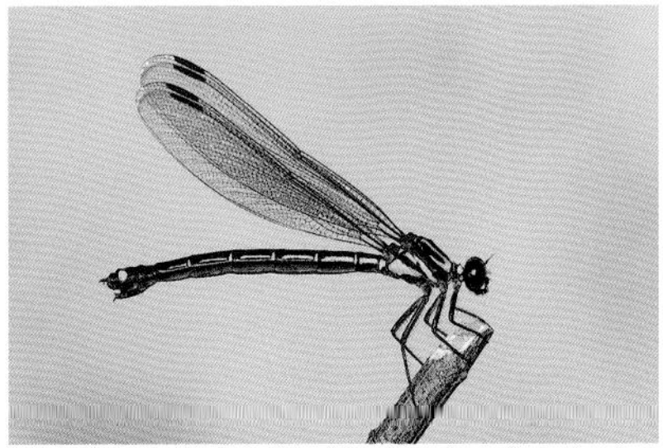

巨齿尾溪蟌 *Bayadera melanopteryx* Ris, 1912

【长度】体长 44 ～ 51 mm，腹长 34 ～ 40 mm，后翅 28 ～ 30 mm。

【飞行期】1 2 3 4 5 6 7 8 9 10 11 12 月

3 4

3. 雄 4. 雌雄连结

黑斑暗溪蟌 *Dysphaea basitincta* Martin,1904

【长度】体长 54 ～ 57 mm，腹长 40 ～ 44 mm，后翅 38 ～ 41 mm。

【飞行期】1 2 3 4 5 6 7 8 9 10 11 12 月

5 6

5. 雄 6. 雌

方带溪蟌 *Euphaea decorata* Hagen, 1853

【长度】体长 37 ～ 42 mm，腹长 28 ～ 32 mm，后翅 25 ～ 27 mm。

【飞行期】 1 2 3 4 5 6 7 8 9 10 11 12 月

1 2

1. 雄 2. 交尾

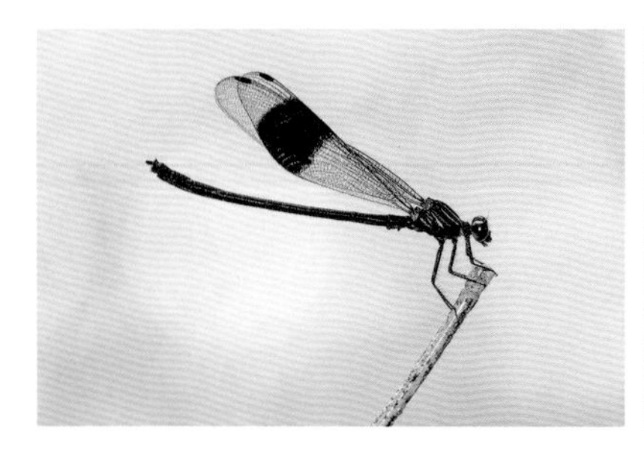

透顶溪蟌 *Euphaea masoni* Selys, 1879

【长度】体长 45 ～ 48 mm，腹长 35 ～ 38 mm，后翅 28 ～ 30 mm。

【飞行期】 1 2 3 4 5 6 7 8 9 10 11 12 月

3 4

3. 雄 4. 雌

黄翅溪蟌 *Euphaea ochracea* Selys, 1859

【长度】体长 41 ～ 46 mm，腹长 31 ～ 35 mm，后翅 26 ～ 30 mm。

【飞行期】 1 2 3 4 5 6 7 8 9 10 11 12 月

5 6

5. 雄 6. 雌

褐翅溪蟌 *Euphaea opaca* Selys, 1853

【长度】体长 55 ～ 60 mm，腹长 40 ～ 46 mm，后翅 37 ～ 40 mm。

【飞行期】 1 2 3 4 5 6 7 8 9 10 11 12 月

1 2

1. 雄　2. 雌雄连结

宽带溪蟌 *Euphaea ornata* (Campion, 1924)

【长度】体长 39 ～ 47 mm，腹长 29 ～ 37 mm，后翅 27 ～ 29 mm。

【飞行期】 1 2 3 4 5 6 7 8 9 10 11 12 月

3 4

3. 雄　4. 雌

束翅亚目 Zygoptera / **大溪蟌科** Family Philogangidae

壮大溪蟌指名亚种 *Philoganga robusta robusta* Navás, 1936

【长度】体长 65 ～ 77 mm，腹长 46 ～ 57 mm，后翅 49 ～ 59 mm。

【飞行期】 1 2 3 4 5 6 7 8 9 10 11 12 月

5 6

5. 雄　6. 雌

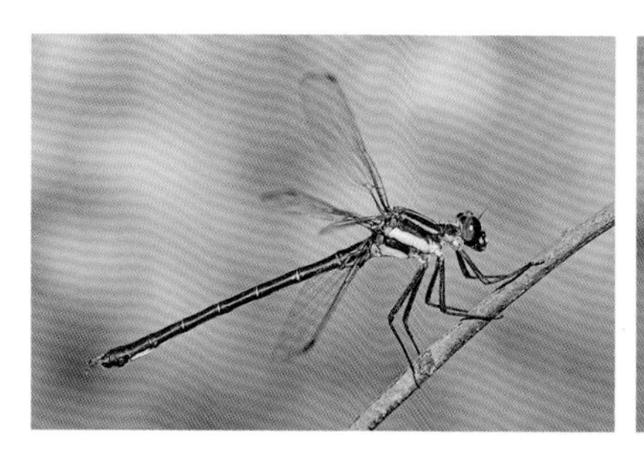

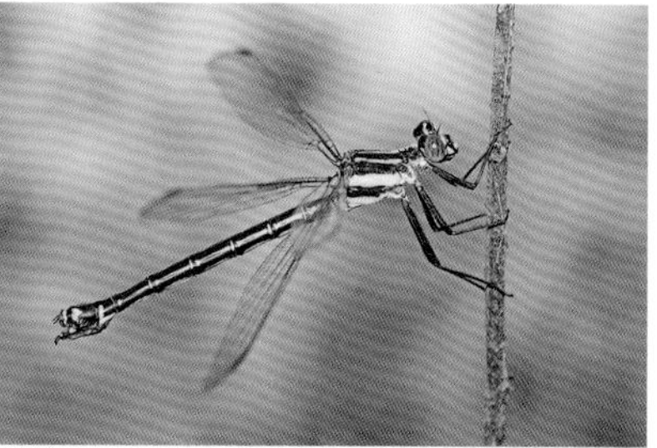

大溪蟌 *Philoganga vetusta* Ris, 1912

【长度】体长 57 ～ 73 mm，腹长 42 ～ 56 mm，后翅 45 ～ 55 mm。

【飞行期】1 2 3 4 5 6 7 8 9 10 11 12 月

1 2

1. 雄 2. 雌

束翅亚目 Zygoptera / **丝蟌科** Family Lestidae

足尾丝蟌 *Lestes dryas* Kirby,1890

【长度】体长 38 ～ 41 mm，腹长 29 ～ 32 mm，后翅 22 ～ 25 mm。

【飞行期】1 2 3 4 5 6 7 8 9 10 11 12 月

3

3. 雌雄连结

浆尾丝蟌 *Lestes sponsa* (Hansemann, 1823)

【长度】体长 36 ～ 41 mm，腹长 29 ～ 33 mm，后翅 20 ～ 23 mm。

【飞行期】 1 2 3 4 5 6 7 8 9 10 11 12 月

1

2

1. 雄　2. 交尾

束翅亚目 Zygoptera / 扇蟌科 Family Platycnemididae

华丽扇蟌 *Calicnemia sinensis* Lieftinck, 1984

【长度】体长 35 ～ 42 mm，腹长 27 ～ 34 mm，后翅 20 ～ 24 mm。

【飞行期】1 2 3 4 5 6 7 8 9 10 11 12 月

1 2

1. 雄 2. 雌

黄纹长腹扇蟌 *Coeliccia cyanomelas* Ris, 1912

【长度】体长 46 ～ 51 mm，腹长 39 ～ 44 mm，后翅 24 ～ 27 mm。

【飞行期】1 2 3 4 5 6 7 8 9 10 11 12 月

3 4

3. 雄 4. 雌

白狭扇蟌 *Copera annulata* (Selys, 1863)

【长度】体长 43 ～ 45 mm，腹长 37 ～ 38 mm，后翅 22 ～ 24 mm。

【飞行期】1 2 3 4 5 6 7 8 9 10 11 12 月

5 6

5. 雄 6. 雌

毛狭扇蟌 *Copera ciliata* (Selys, 1863)

【长度】体长 42 ～ 47 mm，腹长 34 ～ 39 mm，后翅 20 ～ 24 mm。

【飞行期】1 2 3 4 5 6 7 8 9 10 11 12 月

1

2

1. 雄
2. 雌

黄狭扇蟌 *Copera marginipes* (Rambur, 1842)

【长度】体长 34 ～ 39 mm，腹长 28 ～ 31 mm，后翅 16 ～ 20 mm。

【飞行期】1 2 3 4 5 6 7 8 9 10 11 12 月

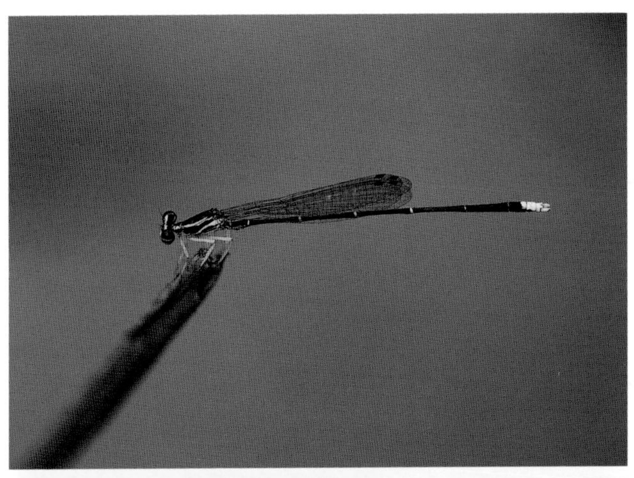

1

2

1. 雄
2. 连结产卵

叶足扇蟌 *Platycnemis phyllopoda* Djakonov, 1926

【长度】体长 33 ～ 34 mm，腹长 26 ～ 27 mm，后翅 16 ～ 17 mm。

【飞行期】1 2 3 4 5 6 7 8 9 10 11 12 月

1

2

1. 雄

2. 连结产卵

乌微桥原蟌 *Prodasineura autumnalis* (Fraser, 1922)

【长度】体长 38 ～ 40 mm，腹长 31 ～ 34 mm，后翅 19 ～ 22 mm。

【飞行期】 1 2 3 4 5 6 7 8 9 10 11 12 月

1 2

1. 雄 2. 雌

束翅亚目 Zygoptera / **蟌科** Family Coenagrionidae

杯斑小蟌 *Agriocnemis femina* (Brauer, 1868)

【长度】体长 21 ～ 25 mm，腹长 16 ～ 18 mm，后翅 10 ～ 11 mm。

【飞行期】 1 2 3 4 5 6 7 8 9 10 11 12 月

3 4

3. 雄 4. 雌

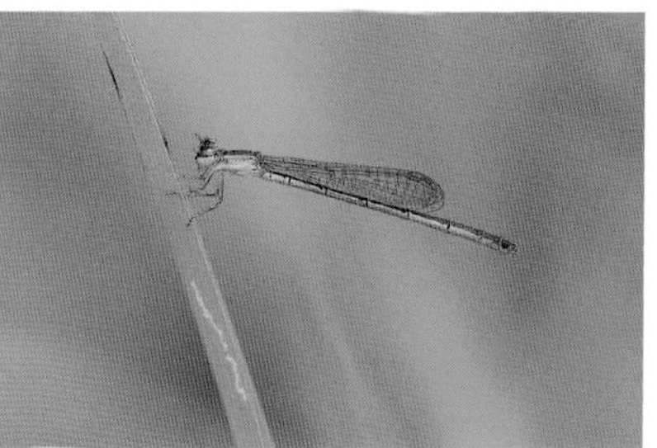

黄尾小蟌 *Agriocnemis pygmaea* (Rambur, 1842)

【长度】体长 21 ～ 25 mm，腹长 16 ～ 18 mm，后翅 9 ～ 12 mm。

【飞行期】 1 2 3 4 5 6 7 8 9 10 11 12 月

5 6

5. 雄 6. 雌

蓝唇黑蟌 *Argiocnemis rubescens* Selys, 1877

【长度】体长 33 ～ 36 mm，腹长 26 ～ 30 mm，后翅 16 ～ 20 mm。

【飞行期】1 2 3 4 5 6 7 8 9 10 11 12 月

1. 雄　2. 雄
3. 雌

翠胸黄蟌 *Ceriagrion auranticum ryukyuanum* Asahina, 1967

【长度】体长 33 ～ 41 mm，腹长 28 ～ 35 mm，后翅 17 ～ 23 mm。

【飞行期】1 2 3 4 5 6 7 8 9 10 11 12 月

4. 雄　5. 雌

长尾黄蟌 *Ceriagrion fallax* Ris, 1914

【长度】体长 37 ～ 47 mm，腹长 30 ～ 38 mm，后翅 20 ～ 24 mm。

【飞行期】1 2 3 4 5 6 7 8 9 10 11 12 月

1. 雄
2. 连结产卵

赤黄蟌 *Ceriagrion nipponicum* Asahina, 1967

【长度】体长 36 ～ 41 mm，腹长 29 ～ 33 mm，后翅 20 ～ 21 mm。

【飞行期】 1 2 3 4 5 6 7 8 9 10 11 12 月

1
2
1. 雄
2. 连结产卵

矛斑蟌 *Coenagrion lanceolatum* (Selys, 1872)

【长度】体长 35 ～ 36 mm，腹长 28 ～ 29 mm，后翅 21 ～ 22 mm。

【飞行期】1 2 3 4 5 6 7 8 9 10 11 12 月

1

1. 雄

东亚异痣蟌 *Ischnura asiatica* (Brauer, 1865)

【长度】体长 27 ～ 29 mm，腹长 22 ～ 24 mm，后翅 10 ～ 11 mm。

【飞行期】1 2 3 4 5 6 7 8 9 10 11 12 月

2 3

2. 雄　3. 雌

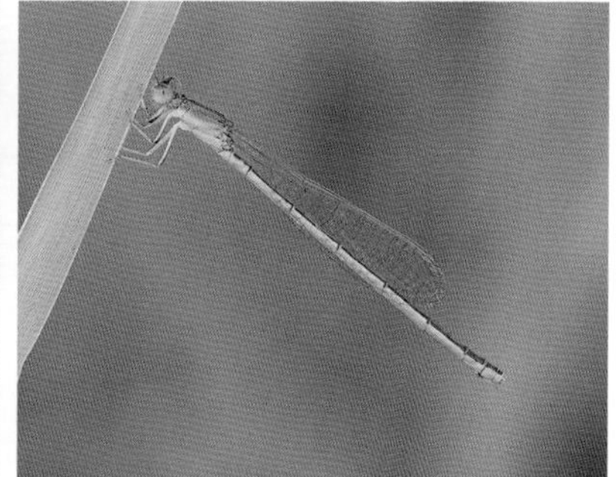

长叶异痣蟌 *Ischnura elegans* (Vander Linden, 1820)

【长度】体长 30 ～ 35 mm，腹长 22 ～ 30 mm，后翅 14 ～ 23 mm。

【飞行期】1 2 3 4 5 6 7 8 9 10 11 12 月

1. 雄　2. 雌
3. 交尾

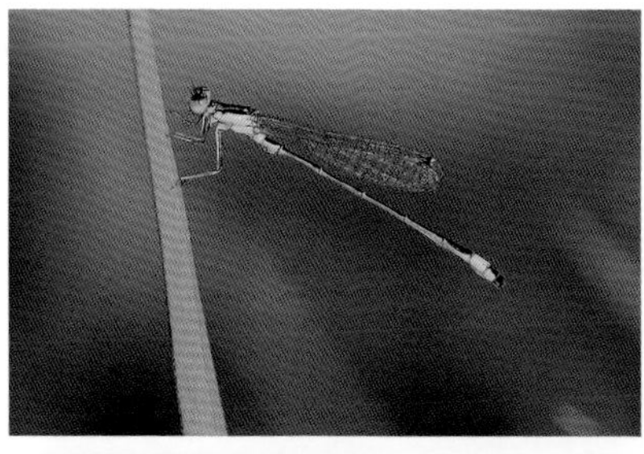

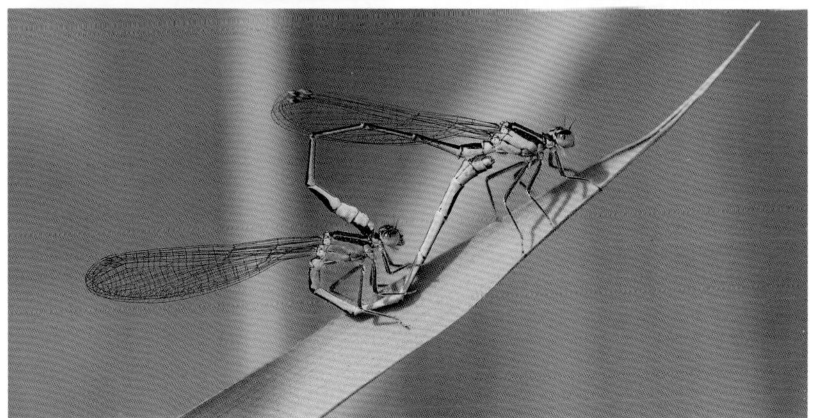

赤斑异痣蟌 *Ischnura rufostigma* Selys, 1876

【长度】体长 29 ～ 33 mm，腹长 23 ～ 26 mm，后翅 10 ～ 12 mm。

【飞行期】1 2 3 4 5 6 7 8 9 10 11 12 月

4. 雄　5. 交尾

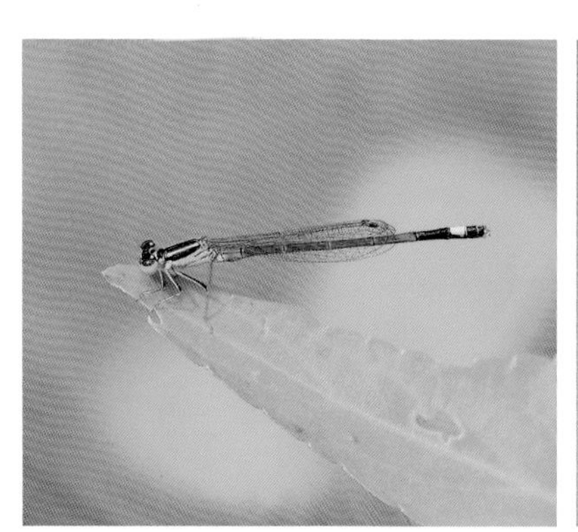

褐斑异痣蟌 *Ischnura senegalensis* (Rambur, 1842)

【长度】体长 28 ~ 30 mm，腹长 21 ~ 24 mm，后翅 13 ~ 16 mm。

【飞行期】 1 2 3 4 5 6 7 8 9 10 11 12 月

1 2
3

1. 雄 2. 雄
2. 交尾

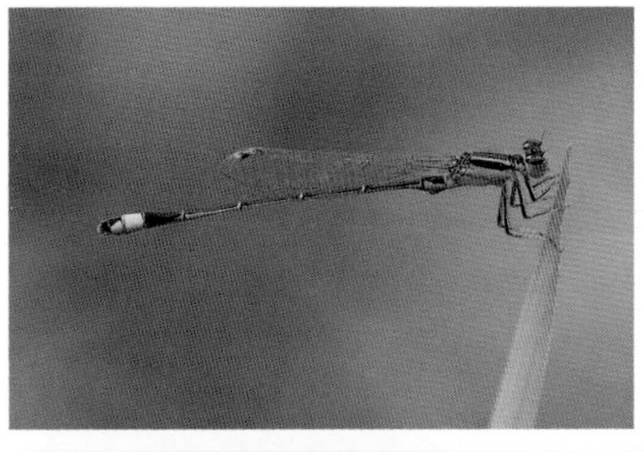

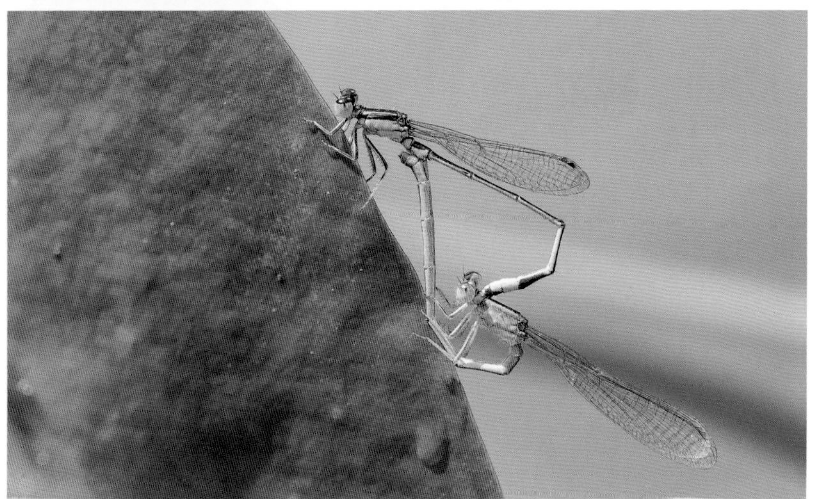

蓝纹尾蟌 *Paracercion calamorum* (Ris, 1916)

【长度】体长 26 ~ 32 mm，腹长 22 ~ 25 mm，后翅 15 ~ 17 mm。

【飞行期】 1 2 3 4 5 6 7 8 9 10 11 12 月

4 5

4. 雄 5. 交尾

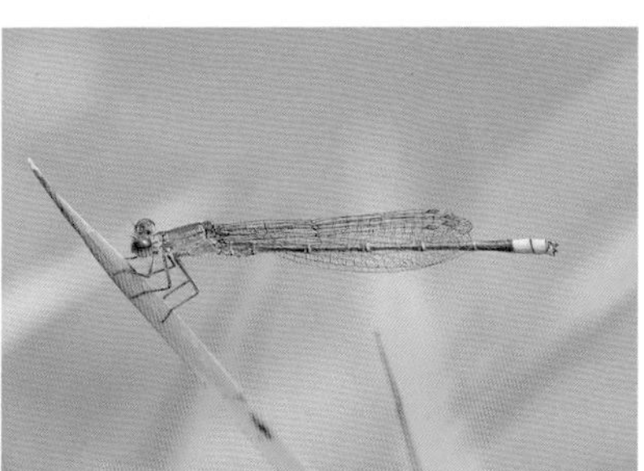

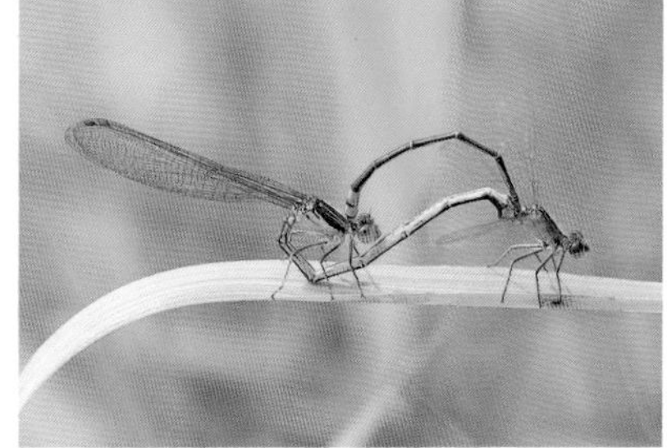

隼尾蟌 *Paracercion hieroglyphicum* (Brauer, 1865)

【长度】体长 25 ～ 28 mm，腹长 20 ～ 22 mm，后翅 12 ～ 15 mm。

【飞行期】 1 2 3 4 5 6 7 8 9 10 11 12 月

1 2

1. 雄 2. 雌

黑背尾蟌 *Paracercion melanotum* (Selys, 1876)

【长度】体长 28 ～ 30 mm，腹长 21 ～ 25 mm，后翅 14 ～ 17 mm。

【飞行期】 1 2 3 4 5 6 7 8 9 10 11 12 月

3

3. 雄

捷尾蟌 *Paracercion v-nigrum* (Needham, 1930)

【长度】体长 34 ～ 38 mm，腹长 27 ～ 30 mm，后翅 20 ～ 23 mm。

【飞行期】1 2 3 4 5 6 7 8 9 10 11 12 月

1 2

1. 雄 2. 连结产卵

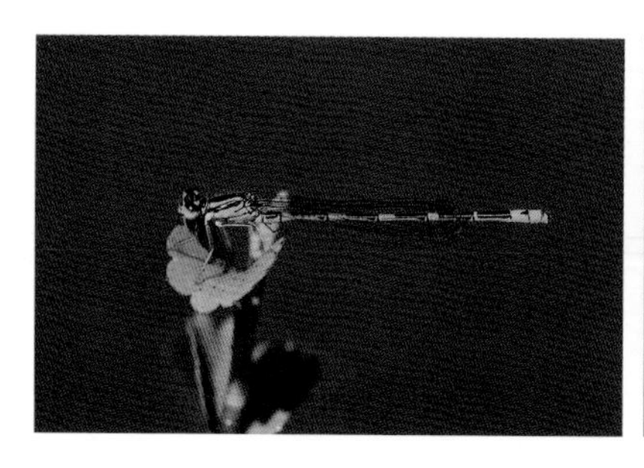

赤斑蟌 *Pseudagrion pruinosum* (Burmeister, 1839)

【长度】体长 41 ～ 46 mm，腹长 34 ～ 37 mm，后翅 24 ～ 25 mm。

【飞行期】1 2 3 4 5 6 7 8 9 10 11 12 月

3 4

3. 雄 4. 交尾

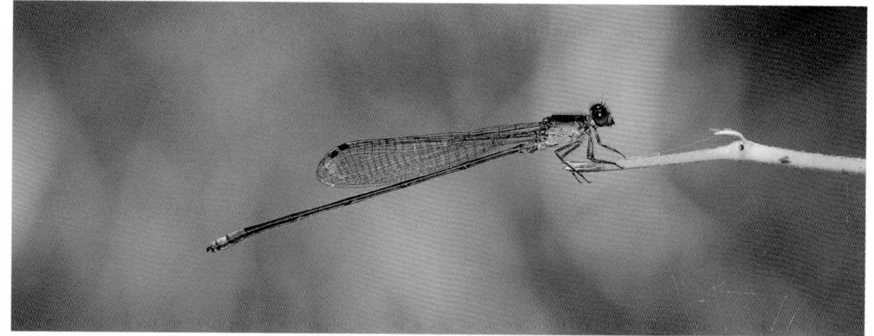

丹顶斑蟌 *Pseudagrion rubriceps* Selys, 1876

【长度】体长 36 ～ 38 mm，腹长 29 ～ 31 mm，后翅 18 ～ 21 mm。

【飞行期】1 2 3 4 5 6 7 8 9 10 11 12 月

1

1. 交尾

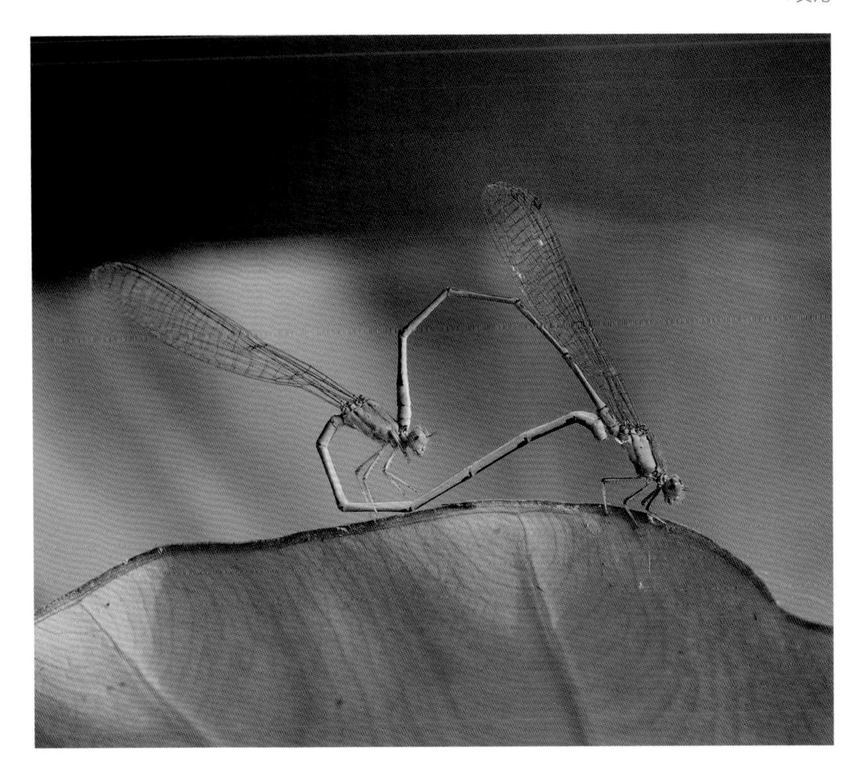

褐斑蟌 *Pseudagrion spencei* Fraser, 1922

【长度】体长 30 ～ 33 mm，腹长 22 ～ 24 mm，后翅 15 ～ 16 mm。

【飞行期】1 2 3 4 5 6 7 8 9 10 11 12 月

2 3

2. 雄 3. 雌

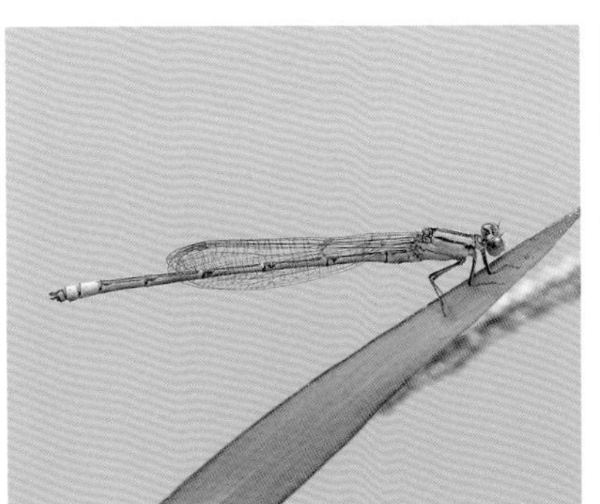

束翅亚目 Zygoptera / **扁蟌科** Family Platystictidae

周氏镰扁蟌 *Drepanosticta zhoui* Wilson & Reels, 2001

【长度】体长 35 ～ 46 mm，腹长 28 ～ 39 mm，后翅 19 ～ 24 mm。

【飞行期】 1 2 3 4 5 6 7 8 9 10 11 12 月

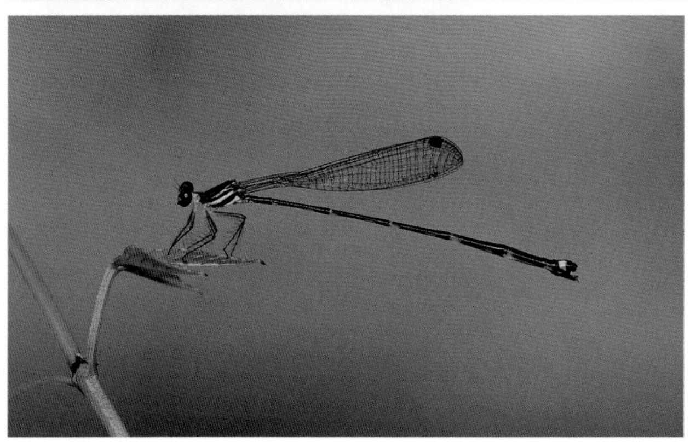

1. 雄
2. 雄
3. 雌

差翅亚目Anisoptera / 蜓科 Family Aeshnidae

长痣绿蜓 *Aeschnophlebia anisoptera* Selys, 1883

【长度】体长 67 ~ 69 mm，腹长 50 ~ 51 mm，后翅 41 ~ 45 mm。

【飞行期】1 2 3 4 5 6 7 8 9 10 11 12 月

1

1. 交尾

混合蜓 *Aeshna mixta* Latreille, 1805

【长度】体长 56 ~ 64 mm，腹长 43 ~ 54 mm，后翅 37 ~ 42 mm。

【飞行期】1 2 3 4 5 6 7 8 9 10 11 12 月

2 3

2. 雄　3. 雄

斑伟蜓 *Anax guttatus* (Burmeister, 1839)

【长度】体长 78 ~ 86 mm，腹长 58 ~ 64 mm，后翅 52 ~ 55 mm。

【飞行期】1 2 3 4 5 6 7 8 9 10 11 12 月

1 2

1. 雄 2. 雌

黑纹伟蜓 *Anax nigrofasciatus* Oguma, 1915

【长度】体长 75 ~ 80 mm，腹长 55 ~ 58 mm，后翅 50 ~ 52 mm。

【飞行期】1 2 3 4 5 6 7 8 9 10 11 12 月

3 4

3. 雄 4. 雌

碧伟蜓东亚亚种 *Anax parthenope julius* Brauer, 1865

【长度】体长 68 ~ 76 mm，腹长 49 ~ 55 mm，后翅 50 ~ 51 mm。

【飞行期】 1 2 3 4 5 6 7 8 9 10 11 12 月

1

1. 连结产卵

日本长尾蜓 *Gynacantha japonica* Bartenev, 1910

【长度】体长 68 ~ 76 mm，腹长 55 ~ 59 mm，后翅 46 ~ 48 mm。

【飞行期】 1 2 3 4 5 6 7 8 9 10 11 12 月

2 3

2. 雄 3. 雌

细腰长尾蜓 *Gynacantha subinterrupta* Rambur, 1842

【长度】体长 61 ~ 70 mm，腹长 48 ~ 54 mm，后翅 43 ~ 48 mm。

【飞行期】 1 2 3 4 5 6 7 8 9 10 11 12 月

1 2

2. 雄 3. 雌

狭痣佩蜓 *Periaeschna magdalena* Martin, 1909

【长度】体长 65 ~ 74 mm，腹长 50 ~ 57 mm，后翅 43 ~ 50 mm。

【飞行期】 1 2 3 4 5 6 7 8 9 10 11 12 月

3 4

3. 雄 4. 雌

山西黑额蜓 *Planaeschna shanxiensis* Zhu & Zhang, 2001

【长度】体长 68 ~ 70 mm，腹长 52 ~ 54 mm，后翅 46 ~ 50 mm。

【飞行期】 1 2 3 4 5 6 7 8 9 10 11 12 月

5 6

5. 雄 6. 雌

遂昌黑额蜓 *Planaeschna suichangensis* Zhou & Wei, 1980

【长度】体长 65～70 mm，腹长 50～54 mm，后翅 45～50 mm。

【飞行期】1 2 3 4 5 6 7 8 9 10 11 12 月

1. 雄 2. 雌

红褐多棘蜓 *Polycanthagyna erythromelas* (McLachlan, 1896)

【长度】体长 80～86 mm，腹长 61～66 mm，后翅 50～53 mm。

【飞行期】1 2 3 4 5 6 7 8 9 10 11 12 月

3. 雄 4. 雌

安氏异春蜓 *Anisogomphus anderi* Lieftinck, 1948

【长度】体长 52 ~ 55 mm，腹长 38 ~ 40 mm，后翅 33 ~ 38 mm。

【飞行期】1 2 3 4 5 6 7 8 9 10 11 12 月

1

1. 雄

马奇异春蜓 *Anisogomphus maacki* (Selys, 1872)

【长度】体长 49 ~ 54 mm，腹长 36 ~ 39 mm，后翅 30 ~ 34 mm。

【飞行期】1 2 3 4 5 6 7 8 9 10 11 12 月

2 3

2. 雄　3. 雌

海南亚春蜓 *Asiagomphus hainanensis* (Chao, 1953)

【长度】体长 61 ~ 71 mm，腹长 45 ~ 53 mm，后翅 39 ~ 46 mm。

【飞行期】1 2 3 4 5 6 7 8 9 10 11 12 月

1 2

1. 雄 2. 雌

和平亚春蜓 *Asiagomphus pacificus* (Chao, 1953)

【长度】体长 63 ~ 65 mm，腹长 47 ~ 49 mm，后翅 40 ~ 42 mm。

【飞行期】1 2 3 4 5 6 7 8 9 10 11 12 月

3

3. 雄

领纹缅春蜓 *Burmagomphus collaris* (Needham, 1930)

【长度】体长 42 ～ 46 mm，腹长 32 ～ 35 mm， 后翅 22 ～ 29 mm。

【飞行期】1 2 3 4 5 6 7 8 9 10 11 12 月

1 2

1. 雄 2. 雌

联纹缅春蜓 *Burmagomphus vermicularis* (Martin, 1904)

【长度】体长 37 ～ 45 mm，腹长 28 ～ 34 mm，后翅 22 ～ 28 mm。

【飞行期】1 2 3 4 5 6 7 8 9 10 11 12 月

3 4

3. 雄 4. 雌

长腹春蜓 *Gastrogomphus abdominalis* (McLachlan, 1884)

【长度】体长 62 ～ 66 mm，腹长 47 ～ 51 mm，后翅 35 ～ 42 mm。

【飞行期】1 2 3 4 5 6 7 8 9 10 11 12 月

1

1. 雄

联纹小叶春蜓 *Gomphidia confluens* Selys, 1878

【长度】体长 73 ～ 75 mm，腹长 53 ～ 54 mm，后翅 46 ～ 48 mm。

【飞行期】1 2 3 4 5 6 7 8 9 10 11 12 月

2

2. 雄

并纹小叶春蜓 *Gomphidia kruegeri* Martin, 1904

【长度】体长 78 ～ 84 mm，腹长 60 ～ 62 mm，后翅 45 ～ 53 mm。

【飞行期】1 2 3 4 5 6 7 8 9 10 11 12 月

1 2

1. 雄 2. 交配

霸王叶春蜓 *Ictinogomphus pertinax* (Hagen, 1854)

【长度】体长 68 ～ 72 mm，腹长 49 ～ 54 mm，后翅 40 ～ 45 mm。

【飞行期】1 2 3 4 5 6 7 8 9 10 11 12 月

3 4

3. 雄 4. 雌

驼峰环尾春蜓 *Lamelligomphus camelus* (Martin, 1904)

【长度】体长 67 ～ 70 mm，腹长 51 ～ 52 mm，后翅 39 ～ 42 mm。

【飞行期】1 2 3 4 5 6 7 8 9 10 11 12 月

1

1. 雄

台湾环尾春蜓 *Lamelligomphus formosanus* (Matsumura, 1926)

【长度】体长 64 ～ 69 mm，腹长 47 ～ 52 mm，后翅 38 ～ 39 mm。

【飞行期】1 2 3 4 5 6 7 8 9 10 11 12 月

2 3

2. 雄　3. 雌

海南环尾春蜓 *Lamelligomphus hainanensis* (Chao, 1954)

【长度】体长 60 ～ 64 mm，腹长 46 ～ 48 mm，后翅 35 ～ 36 mm。

【飞行期】1 2 3 4 5 6 7 8 9 10 11 12 月

1 2

1. 雄 2. 雌

环纹环尾春蜓 *Lamelligomphus ringens* (Needham, 1930)

【长度】体长 61 ～ 63 mm，腹长 45 ～ 47 mm，后翅 37 ～ 39 mm。

【飞行期】1 2 3 4 5 6 7 8 9 10 11 12 月

3 4

3. 雄 4. 雌

帕维长足春蜓 *Merogomphus pavici* Martin, 1904

【长度】体长 67 ～ 72 mm，腹长 51 ～ 55 mm，后翅 40 ～ 47 mm。

【飞行期】1 2 3 4 5 6 7 8 9 10 11 12 月

5 6

5. 雄 6. 雌

汤氏日春蜓 *Nihonogomphus thomassoni* (Kirby, 1900)

【长度】体长 60 ～ 63 mm，腹长 44 ～ 47 mm，后翅 34 ～ 37 mm。

【飞行期】1 2 3 4 5 6 7 8 9 10 11 12 月

1 2

1. 雄 2. 雌

钩尾副春蜓 *Paragomphus capricornis* (Förster, 1914)

【长度】体长 45 ～ 49 mm，腹长 34 ～ 37 mm，后翅 25 ～ 28 mm。

【飞行期】1 2 3 4 5 6 7 8 9 10 11 12 月

3

3. 雄

艾氏施春蜓 *Sieboldius albardae* Selys, 1886

【长度】体长 78 ～ 81 mm，腹长 57 ～ 60 mm，后翅 46 ～ 49 mm。

【飞行期】 1 2 3 4 5 6 7 8 9 10 11 12 月

1

1. 雄

大团扇春蜓 *Sinictinogomphus clavatus* (Fabricius, 1775)

【长度】体长 69 ～ 71 mm，腹长 51 ～ 55 mm，后翅 41 ～ 47 mm。

【飞行期】 1 2 3 4 5 6 7 8 9 10 11 12 月

2 3

2. 雄 3. 雌

野居棘尾春蜓 *Trigomphus agricola* (Ris, 1916)

【长度】体长 42 ～ 45 mm，腹长 31 ～ 33 mm，后翅 24 ～ 26 mm。

【飞行期】1 2 3 4 5 6 7 8 9 10 11 12 月

1 2

1. 雄 2. 雌

差翅亚目Anisoptera / 裂唇蜓科 Family Chlorogomphidae

长鼻裂唇蜓指名亚种 *Chlorogomphus nasutus nasutus* Needham, 1930

【长度】体长 88 ～ 93 mm，腹长 67 ～ 73 mm，后翅 52 ～ 58 mm。

【飞行期】1 2 3 4 5 6 7 8 9 10 11 12 月

3 4

3. 雄 4. 雌

蝴蝶裂唇蜓 *Chlorogomphus papilio* Ris, 1927

【长度】体长 81～88 mm，腹长 58～63 mm，后翅 63～73 mm。

【飞行期】1 2 3 4 5 6 7 8 9 10 11 12 月

1
2

1. 雄
2. 雌

铃木裂唇蜓 *Chlorogomphus suzukii* (Oguma, 1926)

【长度】体长 81 ~ 90 mm，腹长 63 ~ 70 mm，后翅 45 ~ 55 mm。

【飞行期】 1 2 3 4 5 6 7 8 9 10 11 12 月

1 2

1. 雄 2. 雌

差翅亚目Anisoptera / 大蜓科 Family Cordulegastridae

双斑圆臀大蜓 *Anotogaster kuchenbeiseri* (Förster, 1899)

【长度】体长 80 ~ 95 mm，腹长 60 ~ 73 mm，后翅 46 ~ 50 mm。

【飞行期】 1 2 3 4 5 6 7 8 9 10 11 12 月

3

3. 雄

巨圆臀大蜓 *Anotogaster sieboldii* (Selys, 1854)

【长度】体长 87 ~ 107 mm，腹长 67 ~ 82 mm，后翅 53 ~ 65 mm。

【飞行期】1 2 3 4 5 6 7 8 9 10 11 12 月

1 2

1. 雄 2. 雌

北京角臀大蜓 *Neallogaster pekinensis* (McLachlan in Selys, 1886)

【长度】体长 71 ~ 80 mm，腹长 54 ~ 62 mm，后翅 44 ~ 50 mm。

【飞行期】1 2 3 4 5 6 7 8 9 10 11 12 月

3 4

3. 雄 4. 雌

差翅亚目Anisoptera / 伪蜻科 Family Corduliidae

缘斑毛伪蜻 *Epitheca marginata* (Selys, 1883)

【长度】体长 52～54 mm，腹长 36～38 mm，后翅 36～39 mm。

【飞行期】1 2 3 4 5 6 7 8 9 10 11 12 月

1

1. 雄

日本金光伪蜻 *Somatochlora exuberata* Bartenev, 1910

【长度】体长 51～55 mm，腹长 37～41 mm，后翅 36～38 mm。

【飞行期】1 2 3 4 5 6 7 8 9 10 11 12 月

2 3

2. 雄　3. 雌

差翅亚目Anisoptera / 大伪蜻科 Family Macromiidae

闪蓝丽大伪蜻 *Epophthalmia elegans* (Brauer, 1865)

【长度】体长 76～82 mm，腹长 53～59 mm，后翅 48～51 mm。

【飞行期】1 2 3 4 5 6 7 8 9 10 11 12 月

1 2

1. 雄 2. 雌

海神大伪蜻 *Macromia clio* Ris, 1916

【长度】体长 70～81 mm，腹长 50～60 mm，后翅 42～49 mm。

【飞行期】1 2 3 4 5 6 7 8 9 10 11 12 月

3 4

3. 雄 4. 雌

天王大伪蜻 *Macromia urania* Ris, 1916

【长度】体长 66 ～ 69 mm，腹长 50 ～ 53 mm，后翅 39 ～ 44 mm。

【飞行期】1 2 3 4 5 6 7 8 9 10 11 12 月

1 2

1. 雄 2. 雌

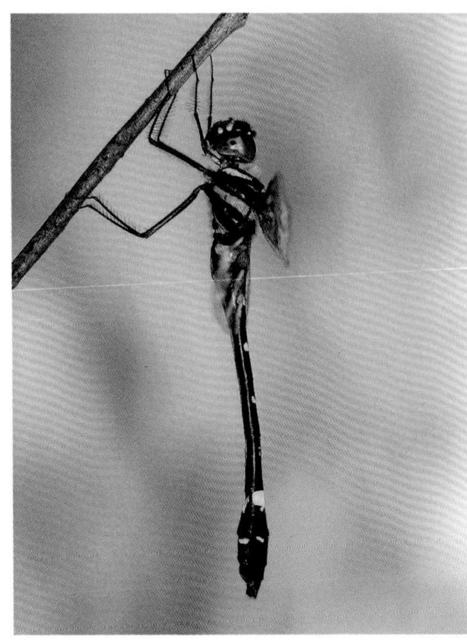

差翅亚目 Anisoptera / 综蜻科 Family Synthemistidae

威异伪蜻 *Idionyx victor* Hämäläinen, 1991

【长度】体长 42 ～ 43 mm，腹长 31 ～ 32 mm，后翅 29 ～ 33 mm。

【飞行期】1 2 3 4 5 6 7 8 9 10 11 12 月

3 4

3. 雄 4. 雌

差翅亚目Anisoptera / 蜻科 Family Libellulidae

锥腹蜻 *Acisoma panorpoides* Rambur, 1842

【长度】体长 25 ～ 28 mm，腹长 16 ～ 18 mm，后翅 19 ～ 20 mm。

【飞行期】1 2 3 4 5 6 7 8 9 10 11 12 月

1 2

1. 雄 2. 雌

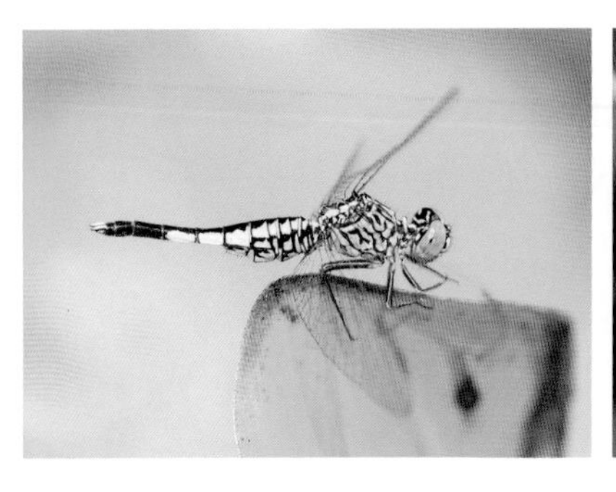

霜白疏脉蜻 *Brachydiplax farinosa* Krüger, 1902

【长度】体长 23 ～ 25 mm，腹长 14 ～ 15 mm，后翅 17 ～ 18 mm。

【飞行期】1 2 3 4 5 6 7 8 9 10 11 12 月

3 4

3. 雄 4. 雌

蓝额疏脉蜻 *Brachydiplax flavovittata* Ris, 1911

【长度】体长 34 ～ 40 mm，腹长 22 ～ 25 mm，后翅 27 ～ 29 mm。

【飞行期】1 2 3 4 5 6 7 8 9 10 11 12 月

5 6

5. 雄 6. 雌

黄翅蜻 *Brachythemis contaminata* (Fabricius, 1793)

【长度】体长 27 ～ 31 mm，腹长 17 ～ 19 mm，后翅 21 ～ 23 mm。

【飞行期】 1 2 3 4 5 6 7 8 9 10 11 12 月

1 2

1. 雄 2. 雌

红蜻古北亚种 *Crocothemis servilia mariannae* Kiauta, 1983

【长度】体长 44 ～ 47 mm，腹长 28 ～ 31 mm，后翅 34 ～ 35 mm。

【飞行期】 1 2 3 4 5 6 7 8 9 10 11 12 月

3 4

3. 雄 4. 雌

红蜻指名亚种 *Crocothemis servilia servilia* (Drury, 1770)

【长度】体长 40 ～ 44 mm，腹长 26 ～ 29 mm，后翅 32 ～ 33 mm。

【飞行期】 1 2 3 4 5 6 7 8 9 10 11 12 月

5 6

5. 雄 6. 雌

异色多纹蜻 *Deielia phaon* (Selys, 1883)

【长度】体长 40 ～ 42 mm，腹长 28 ～ 30 mm，后翅 32 ～ 36 mm。

【飞行期】1 2 3 4 5 6 7 8 9 10 11 12 月

1 2

1. 雄 2. 雌

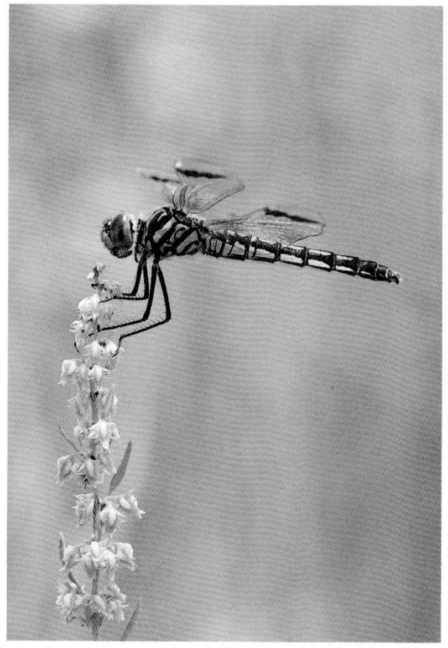

纹蓝小蜻 *Diplacodes trivialis* (Rambur, 1842)

【长度】体长 29 ～ 32 mm，腹长 19 ～ 22 mm，后翅 21 ～ 25 mm。

【飞行期】1 2 3 4 5 6 7 8 9 10 11 12 月

3 4

3. 雄 4. 雌

臀斑楔翅蜻 *Hydrobasileus croceus* (Brauer, 1867)

【长度】体长 47 ～ 54 mm，腹长 31 ～ 35 mm，后翅 41 ～ 50 mm。

【飞行期】1 2 3 4 5 6 7 8 9 10 11 12 月

1 2

1. 雄 2. 雌

华丽宽腹蜻 *Lyriothemis elegantissima* Selys, 1883

【长度】体长 36 ～ 41 mm，腹长 23 ～ 26 mm，后翅 30 ～ 35 mm。

【飞行期】1 2 3 4 5 6 7 8 9 10 11 12 月

3

3. 雄

闪绿宽腹蜻 *Lyriothemis pachygastra* (Selys, 1878)

【长度】体长 32 ～ 35 mm，腹长 21 ～ 24 mm，后翅 24 ～ 26 mm。

【飞行期】1 2 3 4 5 6 7 8 9 10 11 12 月

1 2

1. 雄 2. 雌

网脉蜻 *Neurothemis fulvia* (Drury, 1773)

【长度】体长 35 ～ 40 mm，腹部 20 ～ 26 mm，后翅 26 ～ 32 mm。

【飞行期】1 2 3 4 5 6 7 8 9 10 11 12 月

3 4

3. 雄 4. 雌

截斑脉蜻 *Neurothemis tullia* (Drury, 1773)

【长度】体长 25 ～ 30 mm，腹部 16 ～ 20 mm，后翅 19 ～ 23 mm。

【飞行期】1 2 3 4 5 6 7 8 9 10 11 12 月

5 6

5. 雄 6. 雌

白尾灰蜻 *Orthetrum albistylum* Selys, 1848

【长度】体长 50 ～ 56 mm，腹长 35 ～ 38 mm，后翅 37 ～ 42 mm。

【飞行期】 1 2 3 4 5 6 7 8 9 10 11 12 月

1 2

1. 雄　2. 护卫产卵

黑尾灰蜻 *Orthetrum glaucum* (Brauer, 1865)

【长度】体长 42 ～ 51 mm，腹长 27 ～ 31 mm，后翅 32 ～ 35 mm。

【飞行期】 1 2 3 4 5 6 7 8 9 10 11 12 月

3 4

3. 雄　4. 交尾

褐肩灰蜻 *Orthetrum internum* McLachlan, 1894

【长度】体长 41 ～ 44 mm，腹长 26 ～ 29 mm，后翅 32 ～ 34 mm。

【飞行期】1 2 3 4 5 6 7 8 9 10 11 12 月

1

1. 雄

线痣灰蜻 *Orthetrum lineostigma* (Selys, 1886)

【长度】体长 41 ～ 45 mm，腹长 27 ～ 30 mm，后翅 32 ～ 35 mm。

【飞行期】1 2 3 4 5 6 7 8 9 10 11 12 月

2

2. 交尾

吕宋灰蜻 *Orthetrum luzonicum* (Brauer, 1868)

【长度】体长 38 ~ 45 mm，腹长 27 ~ 32 mm，后翅 28 ~ 32 mm。

【飞行期】1 2 3 4 5 6 7 8 9 10 11 12 月

1 2

1. 雄　2. 交尾

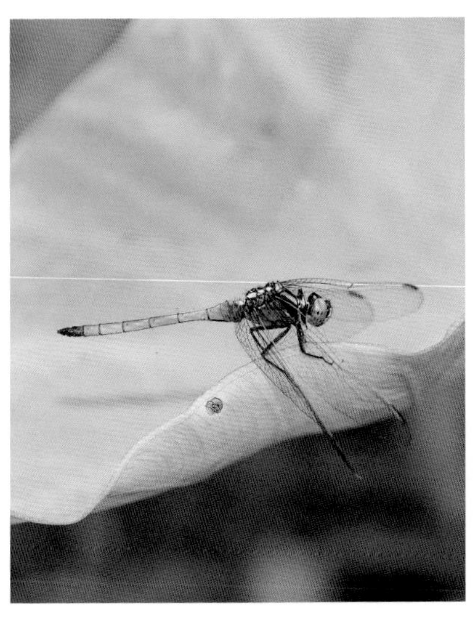

异色灰蜻 *Orthetrum melania* (Selys, 1883)

【长度】体长 51 ~ 55 mm，腹长 33 ~ 35 mm，后翅 40 ~ 43 mm。

【飞行期】1 2 3 4 5 6 7 8 9 10 11 12 月

3 4

3. 雄　4. 护卫产卵

赤褐灰蜻中印亚种 *Orthetrum pruinosum neglectum* (Rambur, 1842)

【长度】体长 46 ~ 50 mm，腹长 31 ~ 33 mm，后翅 35 ~ 38 mm。

【飞行期】1 2 3 4 5 6 7 8 9 10 11 12 月

1 2

1. 雄 2. 雌

狭腹灰蜻 *Orthetrum sabina* (Drury, 1773)

【长度】体长 47 ~ 51mm，腹长 34 ~ 37 mm，后翅 33 ~ 35 mm。

【飞行期】1 2 3 4 5 6 7 8 9 10 11 12 月

3 4

3. 雄 4. 雌

鼎脉灰蜻 *Orthetrum triangulare* (Selys, 1878)

【长度】体长 45 ~ 50 mm，腹长 29 ~ 33 mm，后翅 39 ~ 41 mm。

【飞行期】1 2 3 4 5 6 7 8 9 10 11 12 月

5 6

5. 雄 6. 雌

六斑曲缘蜻 *Palpopleura sexmaculata* (Fabricius, 1787)

【长度】体长 24 ～ 27 mm，腹长 14 ～ 16 mm，后翅 17 ～ 19 mm。

【飞行期】 1 2 3 4 5 6 7 8 9 10 11 12 月

1 2

1. 雄 2. 雌

黄蜻 *Pantala flavescens* (Fabricius, 1798)

【长度】体长 49 ～ 50 mm，腹长 32 ～ 33 mm，后翅 39 ～ 40 mm。

【飞行期】 1 2 3 4 5 6 7 8 9 10 11 12 月

3 4

1. 雄 2. 雌

玉带蜻 *Pseudothemis zonata* (Burmeister, 1839)

【长度】体长 44 ～ 46 mm，腹长 29 ～ 31 mm，后翅 39 ～ 42 mm。

【飞行期】1 2 3 4 5 6 7 8 9 10 11 12 月

1 2

1. 雄 2. 雌

黑丽翅蜻 *Rhyothemis fuliginosa* Selys, 1883

【长度】体长 31 ～ 36 mm，腹长 21 ～ 25 mm，后翅 31 ～ 36 mm。

【飞行期】1 2 3 4 5 6 7 8 9 10 11 12 月

3 4

3. 雄 4. 交尾

斑丽翅蜻多斑亚种 *Rhyothemis variegata arria* Drury, 1773

【长度】体长 37 ～ 42 mm，腹长 24 ～ 28 mm，后翅 35 ～ 39 mm。

【飞行期】1 2 3 4 5 6 7 8 9 10 11 12 月

1 2

1. 雄 2. 雌

夏赤蜻 *Sympetrum darwinianum* Selys, 1883

【长度】体长 37 ～ 42 mm，腹长 25 ～ 28 mm，后翅 29 ～ 32 mm。

【飞行期】1 2 3 4 5 6 7 8 9 10 11 12 月

3 4

3. 雄 4. 雌

竖眉赤蜻指名亚种 *Sympetrum eroticum eroticum* (Selys, 1883)

【长度】体长 33 ～ 40 mm，腹长 23 ～ 28 mm，后翅 25 ～ 30 mm。

【飞行期】1 2 3 4 5 6 7 8 9 10 11 12 月

5 6

5. 雄 6. 交尾

竖眉赤蜻多纹亚种 *Sympetrum eroticum ardens* (McLachlan, 1894)

【长度】体长 40 ～ 44 mm，腹长 27 ～ 31 mm，后翅 31 ～ 32 mm。

【飞行期】1 2 3 4 5 6 7 8 9 10 11 12 月

1 2

1. 雄 2. 雌

方氏赤蜻 *Sympetrum fonscolombii* (Selys, 1840)

【长度】体长 35 ～ 41 mm，腹长 24 ～ 39 mm，后翅 26 ～ 32 mm。

【飞行期】1 2 3 4 5 6 7 8 9 10 11 12 月

3 4

3. 雄 4. 交尾

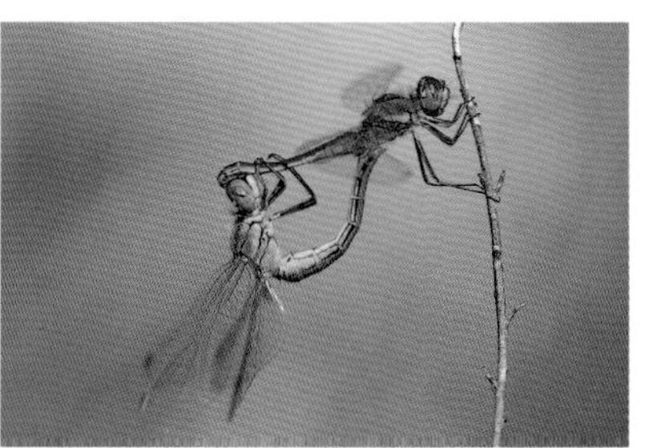

褐顶赤蜻 *Sympetrum infuscatum* (Selys, 1883)

【长度】体长 42 ～ 47 mm，腹长 29 ～ 32 mm，后翅 32 ～ 37 mm。

【飞行期】1 2 3 4 5 6 7 8 9 10 11 12 月

5 6

5. 雄 6. 连结产卵

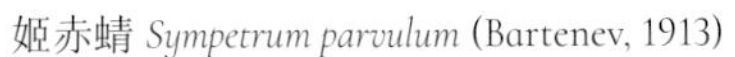

姬赤蜻 *Sympetrum parvulum* (Bartenev, 1913)

【长度】体长 32 ～ 34 mm，腹长 22 ～ 23 mm，后翅 25 ～ 26 mm。

【飞行期】1 2 3 4 5 6 7 8 9 10 11 12 月

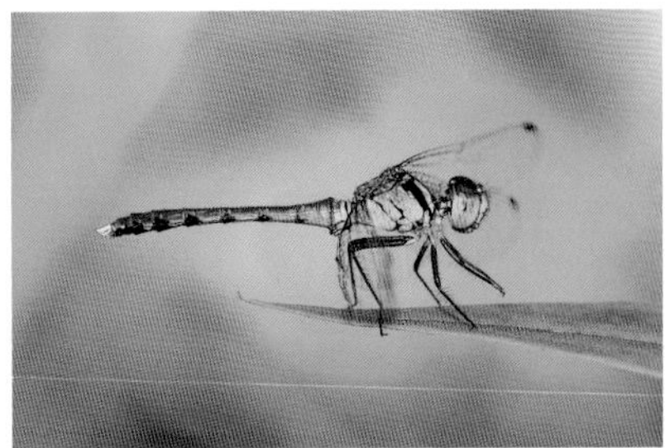

1. 雄　2. 雄

李氏赤蜻 *Sympetrum risi* Bartenev, 1914

【长度】体长 37 ～ 45 mm，腹长 25 ～ 31 mm，后翅 29 ～ 35 mm。

【飞行期】1 2 3 4 5 6 7 8 9 10 11 12 月

3. 雄

黄基赤蜻指名亚种 *Sympetrum speciosum speciosum* Oguma, 1915

【长度】体长 42 ～ 44 mm，腹长 26 ～ 28 mm，后翅 34 ～ 35 mm。

【飞行期】1 2 3 4 5 6 7 8 9 10 11 12 月

1
2
1. 雄 2. 雌

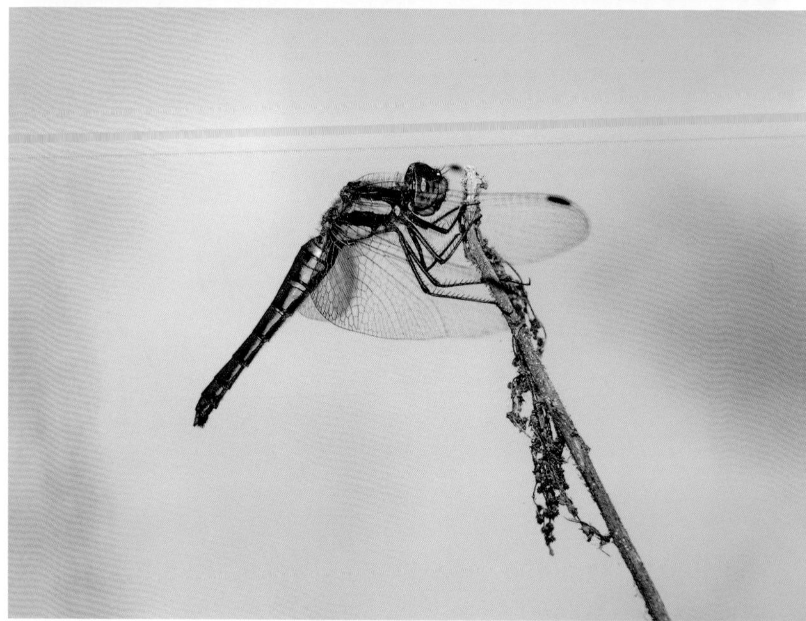

条斑赤蜻指名亚种 *Sympetrum striolatum striolatum* (Charpentier, 1840)

【长度】体长 36 ～ 45 mm，腹部 22 ～ 31 mm，后翅 25 ～ 32 mm。

【飞行期】1 2 3 4 5 6 7 8 9 10 11 12 月

1 2

1. 雄 2. 雌

华斜痣蜻 *Tramea virginia* (Rambur, 1842)

【长度】体长 53 ～ 56 mm，腹长 36 ～ 38 mm，后翅 43 ～ 48 mm。

【飞行期】1 2 3 4 5 6 7 8 9 10 11 12 月

3

3. 雄

晓褐蜻 *Trithemis aurora* (Burmeister, 1839)

【长度】体长 33 ～ 35 mm，腹长 22 ～ 24 mm，后翅 27 ～ 29 mm。

【飞行期】 1 2 3 4 5 6 7 8 9 10 11 12 月

1 2

1. 雄 2. 雌

庆褐蜻 *Trithemis festiva* (Rambur, 1842)

【长度】体长 36 ～ 38 mm，腹长 24 ～ 26 mm，后翅 30 ～ 32 mm。

【飞行期】 1 2 3 4 5 6 7 8 9 10 11 12 月

3 4

3. 雄 4. 雌

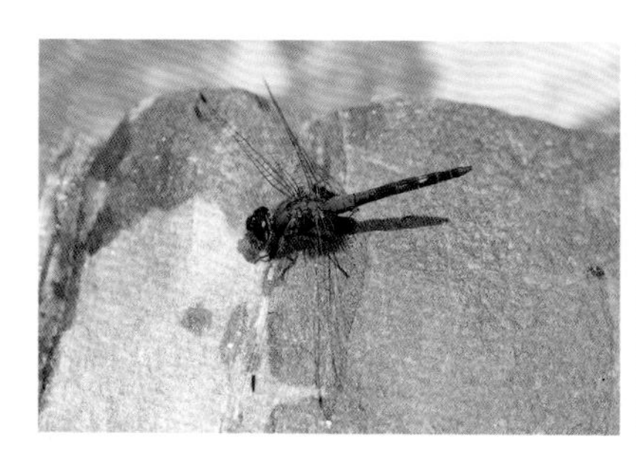

赤斑曲钩脉蜻指名亚种 *Urothemis signata signata* (Rambur, 1842)

【长度】体长 47 ～ 48 mm，腹长 31 ～ 32 mm，后翅 40 ～ 41 mm。

【飞行期】 1 2 3 4 5 6 7 8 9 10 11 12 月

5 6

5. 雄 6. 雌

彩虹蜻 *Zygonyx iris insignis* Kirby, 1900

【长度】体长 57 ～ 61 mm，腹部 38 ～ 43 mm，后翅 48 ～ 52 mm。

【飞行期】1 2 3 4 5 6 7 8 9 10 11 12 月

1

2

1. 连结飞行
2. 雄

蜻蜓学名对照表

色蟌科 CALOPTERYGIDAE

霜基色蟌 *Archineura hetaerinoides* (Fraser, 1933)
赤基色蟌 *Archineura incarnata* (Karsch, 1892)
褐带暗色蟌 *Atrocalopteryx fasciata* Yang, Hämäläinen & Zhang, 2014
白背亮翅色蟌 *Echo candens* Zhang, Hämäläinen & Cai, 2015
黑顶亮翅色蟌 *Echo margarita* Selys, 1853
透顶单脉色蟌 *Matrona basilaris* Selys, 1853
黑单脉色蟌 *Matrona nigripectus* Selys, 1879
华艳色蟌 *Neurobasis chinensis* (Linnaeus, 1758)
霓虹艳色蟌 *Neurobasis ianthinipennis* Lieftinck, 1949
蓝紫艳色蟌 *Neurobasis kaupi* Brauer, 1867
吕宋艳色蟌 *Neurobasis luzoniensis* Selys, 1879
翡翠艳色蟌 *Neurobasis subpicta* Hämäläinen, 1990
多横细色蟌 *Vestalis gracilis* (Rambur, 1842)
紫闪细色蟌 *Vestalis melania* Selys, 1873

鼻蟌科 CHLOROCYPHIDAE

蓝脊圣鼻蟌 *Aristocypha aino* Hämäläinen, Reels & Zhang, 2009
赵氏圣鼻蟌 *Aristocypha chaoi* (Wilson, 2004)
蓝纹圣鼻蟌 *Aristocypha iridea* (Selys, 1891)
四斑圣鼻蟌 *Aristocypha quadrimaculata* (Selys, 1853)
窗阳鼻蟌 *Heliocypha fenestrata* (Wiedemann in Burmeister, 1839)
三斑阳鼻蟌 *Heliocypha perforata* (Percheron, 1835)
蓝尾印鼻蟌 *Indocypha cyanicauda* Zhang & Hämäläinen, 2018
黑白印鼻蟌 *Indocypha vittata* (Selys, 1891)
黑纹隼蟌 *Libellago asclepiades* (Ris, 1916)
红隼蟌 *Libellago celebensis* van Tol, 2007
点斑隼蟌 *Libellago lineata* (Burmeister, 1839)
黄蓝隼蟌 *Libellago xanthocyana* (Selys, 1869)
黄侧鼻蟌 *Rhinocypha arguta* Hämäläinen & Divasiri, 1997
彩虹鼻蟌 *Rhinocypha monochroa* Selys, 1873
红蓝叶足鼻蟌 *Platycypha caligata* (Selys, 1853)

溪蟌科 EUPHAEIDAE

优雅隐溪蟌 *Cryptophaea saukra* Hämäläinen, 2003
黑斑暗溪蟌 *Dysphaea basitincta* Martin, 1904
透顶溪蟌 *Euphaea masoni* Selys, 1879
黄翅溪蟌 *Euphaea ochracea* Selys, 1859
华丽溪蟌 *Euphaea superba* Kimmins, 1936

黑山蟌科 PHILOSINIDAE

红尾黑山蟌 *Philosina buchi* Ris, 1917

拟丝蟌科 PSEUDOLESTIDAE

丽拟丝蟌 *Pseudolestes mirabilis* Kirby, 1900

色蟌总科待定科 INCERTAE SEDIS GROUP

褐顶扇山蟌 *Rhipidolestes truncatidens* Schmidt, 1931

丝蟌科 LESTIDAE

蕾尾丝蟌 *Lestes nodalis* Selys, 1891

综蟌科 SYNLESTIDAE

泰国绿综蟌 *Megalestes kurahashii* Asahina, 1985
黄肩华综蟌 *Sinolestes editus* Needham, 1930

扇蟌科 PLATYCNEMIDIDAE

赭腹丽扇蟌 *Calicnemia erythromelas* (Selys, 1891)
灰丽扇蟌 *Calicnemia imitans* Lieftinck, 1948
海南长腹扇蟌 *Coeliccia hainanense* Laidlaw, 1932
蓝脊长腹扇蟌 *Coeliccia poungyi* Fraser, 1924
黄蓝长腹扇蟌 *Coeliccia pyriformis* Laidlaw, 1932
褐狭扇蟌 *Copera vittata* (Selys, 1863)
叶足扇蟌 *Platycnemis phyllopoda* Djakonov, 1926

蟌科 COENAGRIONIDAE

森狭翅蟌 *Aciagrion pallidum* Selys, 1891
杯斑小蟌 *Agriocnemis femina* (Brauer, 1868)
黄尾小蟌 *Agriocnemis pygmaea* (Rambur, 1842)
印度小蟌 *Agriocnemis splendidissima* Laidlaw, 1919
翠胸黄蟌 *Ceriagrion auranticum ryukyuanum* Asahina, 1967
长叶异痣蟌 *Ischnura elegans* (Vander Linden, 1820)
绿斑蟌 *Pseudagrion microcephalum* (Rambur, 1842)
丹顶斑蟌 *Pseudagrion rubriceps* Selys, 1876
修长端曲伪痣蟌 *Mecistogaster lucretia* (Drury, 1773)
阔翼巨伪痣蟌 *Megaloprepus caerulatus* (Drury, 1782)
黄端伪痣蟌 *Microstigma rotundatum* Selys, 1860

扁蟌科 PLATYSTICTIDAE

周氏镰扁蟌 *Drepanosticta zhoui* Wilson & Reels, 2001
韦氏云扁蟌 *Yunnanosticta wilsoni* Dow & Zhang, 2018

蜓科 AESHNIDAE

黑纹绿蜓 *Aeschnophlebia longistigma* Selys, 1883
斑伟蜓 *Anax guttatus* (Burmeister, 1839)
印度伟蜓 *Anax indicus* Lieftinck, 1942
黑纹伟蜓 *Anax nigrofasciatus* Oguma, 1915
东亚伟蜓 *Anax panybeus* Hagen, 1867
碧伟蜓 *Anax parthenope julius* Brauer, 1865
无纹长尾蜓 *Gynacantha bayadera* Selys, 1891
基凹长尾蜓 *Gynacantha incisura* Fraser, 1935
细腰长尾蜓 *Gynacantha subinterrupta* Rambur, 1842
锡金棘蜓 *Gynacanthaeschna* sikkima (Karsch, 1891)
狭痣佩蜓 *Periaeschna magdalena* Martin, 1909
浅色佩蜓 *Periaeschna nocturnalis* Fraser, 1927
崂山黑额蜓 *Planaeschna laoshanensis* Zhang, Yeh & Tong, 2010
红褐多棘蜓 *Polycanthagyna erythromelas* (McLachlan, 1896)
褐翼短痣蜓 *Tetracanthagyna plagiata* (Waterhouse, 1877)
沃氏短痣蜓 *Tetracanthagyna waterhousei* McLachlan, 1898

春蜓科 GOMPHIDAE

白尾异春蜓 *Anisogomphus caudalis* Fraser, 1926
汉森安春蜓 *Amphigomphus hansoni* Chao, 1954
巨缅春蜓 *Burmagomphus magnus* Zhang, Kosterin & Cai, 2015
弗鲁戴春蜓 *Davidius fruhstorferi* Martin, 1904
并纹小叶春蜓 *Gomphidia kruegeri* Martin, 1904
华饰叶春蜓 *Ictinogomphus decoratus* (Selys, 1854)
台湾环尾春蜓 *Lamelligomphus formosanus* (Matsumura, 1926)
环纹环尾春蜓 *Lamelligomphus ringens* (Needham, 1930)
双髻环尾春蜓 *Lamelligomphus tutulus* Liu & Chao, 1990
圆腔纤春蜓 *Leptogomphus perforatus* Ris, 1912
钩尾副春蜓 *Paragomphus capricornis* (Förster, 1914)
金黄显春蜓 *Phaenandrogomphus aureus* (Laidlaw, 1922)
黄条刀春蜓 *Scalmogomphus bistrigatus* (Hagen, 1854)

裂唇蜓科 CHLOROGOMPHIDAE

蝴蝶裂唇蜓 *Chlorogomphus papilio* Ris, 1927
黄翅裂唇蜓 *Chlorogomphus auratus* Martin, 1910
戴维裂唇蜓 *Chlorogomphus daviesi* Karube, 2001
褐基裂唇蜓 *Chlorogomphus yokoii* Karube, 1995
金翼裂唇蜓 *Chlorogomphus auripennis* Zhang & Cai, 2014

斑翅裂唇蜓 *Chlorogomphus usudai* Ishida, 1996
老挝裂唇蜓 *Chlorogomphus hiten* (Sasamoto, Yokoi & Teramoto, 2011)
长腹裂唇蜓 *Chlorogomphus kitawakii* Karube, 1995
长鼻裂唇蜓 *Chlorogomphus nasutus nasutus* Needham, 1930
山裂唇蜓 *Chlorogomphus shanicus* Wilson, 2002
朴氏裂唇蜓 *Chlorogomphus piaoacensis* Karube, 2013
中越裂唇蜓 *Chlorogomphus sachiyoae* Karube, 1995
铃木裂唇蜓 *Chlorogomphus suzukii* (Oguma, 1926)
黑带裂唇蜓 *Chlorogomphus aritai* Karube, 2013
布鲁裂唇蜓 *Chlorogomphus brunneus* Oguma, 1926
花斑裂唇蜓 *Chlorogomphus caloptera* Karube, 2013
双角裂唇蜓 *Chlorogomphus nakamurai* Karube, 1995
华丽裂唇蜓 *Chlorogomphus splendidus* (Selys, 1878)

大蜓科 CORDULEGASTRIDAE

赵氏圆臀大蜓 *Anotogaster chaoi* Zhou, 1998
金斑圆臀大蜓 *Anotogaster klossi* Fraser, 1919
褐面圆臀大蜓 *Anotogaster nipalensis* (Selys, 1854)

澳古蜓科 AUSTROPETALIIDAE

澳洲星斑古蜓 *Austropetalia patricia* (Tillyard, 1910)
智利梅斑古蜓 *Hypopetalia pestilens* McLachlan, 1870
智利星斑古蜓 *Phyllopetalia apicalis* Selys, 1858

古蜓科 PETALURIDAE

澳洲巨古蜓 *Petalura gigantea* Leach, 1815
澳洲扇尾古蜓 *Petalura litorea* Theischinger, 1999

大伪蜻科 MACROMIIDAE

黄斑丽大伪蜻 *Epophthalmia frontalis* Selys, 1871
泰国大伪蜻 *Macromia chaiyaphumensis* Hämäläinen, 1986
锤钩大伪蜻 *Macromia hamata* Zhou, 2003
莫氏大伪蜻 *Macromia moorei moorei* Selys, 1874

综蜻科 SYNTHEMISTIDAE

赛丽异伪蜻 *Idionyx selysi* Fraser, 1926

蜻科 LIBELLULIDAE

锥腹蜻 *Acisoma panorpoides* Rambur, 1842
褐基异蜻 *Aethriamanta aethra* Ris, 1912
红腹异蜻 *Aethriamanta brevipennis* (Rambur, 1842)

豹纹蜻 *Agrionoptera insignis insignis* (Rambur, 1842)
褐胸疏脉蜻 *Brachydiplax chalybea* Brauer, 1868
蓝额疏脉蜻 *Brachydiplax flavovittata* Ris,1911
霜白疏脉蜻 *Brachydiplax farinosa* Krüger, 1902
长尾红蜻 *Crocothemis erythraea* (Brullé, 1832)
红蜻 *Crocothemis servilia servilia* (Drury, 1773)
纹蓝小蜻 *Diplacodes trivialis* (Rambur, 1842)
蓝黑印蜻 *Indothemis limbata* (Selys, 1891)
高翔漭蜻 *Macrodiplax cora* (Brauer, 1867)
侏红小蜻 *Nannophya pygmaea* Rambur, 1842
网脉蜻 *Neurothemis fulvia* (Drury, 1773)
褐基脉蜻 *Neurothemis intermedia* (Rambur, 1842)
雨林爪蜻 *Onychothemis testacea* Laidlaw, 1902
白尾灰蜻 *Orthetrum albistylum* Selys, 1848
异色灰蜻 *Orthetrum melania melania* (Selys, 1883)
赤褐灰蜻 *Orthetrum pruinosum neglectum* (Rambur, 1842)
鼎脉灰蜻 *Orthetrum triangulare* (Selys, 1878)
六斑曲缘蜻 *Palpopleura sexmaculata* (Fabricius, 1787)
黄蜻 *Pantala flavescens* (Fabricius, 1798)
沼长足蜻 *Phyllothemis eltoni* Fraser, 1935
红胭蜻 *Rhodothemis rufa* (Rambur, 1842)
黑丽翅蜻 *Rhyothemis fuliginosa* Selys, 1883
曜丽翅蜻 *Rhyothemis plutonia* Selys, 1883
三角丽翅蜻 *Rhyothemis triangularis* Kirby, 1889
斑丽翅蜻 *Rhyothemis variegata arria* Drury, 1773
竖眉赤蜻指名亚种 *Sympetrum eroticum eroticum* (Selys, 1883)
竖眉赤蜻多纹亚种 *Sympetrum eroticum ardens* (McLachlan, 1894)
旭光赤蜻 *Sympetrum hypomelas* (Selys, 1884)
小黄赤蜻 *Sympetrum kunckeli* (Selys, 1884)
李氏赤蜻 *Sympetrum risi risi* Bartenev, 1914
姬赤蜻 *Sympetrum parvulum* (Bartenev, 1913)
黄基赤蜻微斑亚种 *Sympetrum speciosum haematoneura* Fraser, 1924
条斑赤蜻喜马亚种 *Sympetrum striolatum commixtum* (Selys, 1884)
宽翅方蜻 *Tetrathemis platyptera* Selys, 1878
浅色斜痣蜻 *Tramea basilaris burmeisteri* Kirby,1889
海神斜痣蜻 *Tramea transmarina euryale* (Selys, 1878)
华斜痣蜻 *Tramea virginia* (Rambur, 1842)
晓褐蜻 *Trithemis aurora* (Burmeister, 1839)
赤斑曲钩脉蜻 *Urothemis signata signata* (Rambur, 1842)
高砂虹蜻 *Zygonyx takasago* Asahina, 1966

昔蜓科 EPIOPHLEBIIDAE

喜马拉雅昔蜓 *Epiophlebia laidlawi* Tillyard, 1921
日本昔蜓 *Epiophlebia superstes* (Selys, 1889)